INSTRUCTION PRATIQUE

SUR LE CALCUL

DES

RATIONS ALIMENTAIRES

DES ANIMAUX DE LA FERME

SUIVIE DE TABLEAUX INDIQUANT LA COMPOSITION DES FOURRAGES
ET AUTRES ALIMENTS DU BÉTAIL

PAR

L. GRANDEAU

DIRECTEUR DE LA STATION AGRONOMIQUE DE L'EST
Professeur à l'École forestière et à la Faculté des Sciences
de Nancy
Président de la Société centrale d'agriculture du département de Meurthe-et-Moselle
Membre honoraire du Conseil de la Société des Agriculteurs de France
de la Société philomatique
Membre étranger de l'Académie royale d'agriculture de Stockholm
de la Société royale d'agriculture d'Angleterre, etc.

PARIS

LIBRAIRIE AGRICOLE DE LA MAISON RUSTIQUE

26, rue Jacob, 26

1876

INSTRUCTION PRATIQUE

SUR LE CALCUL

DES RATIONS ALIMENTAIRES

NANCY, IMPRIMERIE BERGER-LEVRAULT ET Cie.

INSTRUCTION PRATIQUE

SUR LE CALCUL

DES

RATIONS ALIMENTAIRES

DES ANIMAUX DE LA FERME

SUIVIE DE TABLEAUX INDIQUANT LA COMPOSITION DES FOURRAGES
ET AUTRES ALIMENTS DU BÉTAIL

PAR

L. GRANDEAU

DIRECTEUR DE LA STATION AGRONOMIQUE DE L'EST
Professeur à l'École forestière et à la Faculté des Sciences
de Nancy
Président de la Société centrale d'agriculture du département de Meurthe-et-Moselle
Membre honoraire du Conseil de la Société des Agriculteurs de France
de la Société philomatique
Membre étranger de l'Académie royale d'agriculture de Stockholm
de la Société royale d'agriculture d'Angleterre, etc.

PARIS
LIBRAIRIE AGRICOLE DE LA MAISON RUSTIQUE
26, rue Jacob, 26

1876

INSTRUCTION PRATIQUE SUR LE CALCUL

DES

RATIONS ALIMENTAIRES

DES ANIMAUX DE LA FERME

(Bœuf — Vache — Cheval — Mouton — Porc)[1]

Par L. GRANDEAU

Communication faite à la Société centrale d'agriculture de Meurthe-et-Moselle le 19 juin 1875.

Pour répondre au désir qu'un certain nombre de mes collègues de la Société centrale d'agriculture de Meurthe-et-Moselle m'ont exprimé, j'ai résumé succinctement les données scientifiques qui permettent, à l'aide des tableaux placés à la fin de cet opuscule, d'établir la ration alimentaire des animaux de la ferme.

Le problème qui se présente à l'éleveur et à l'engraisseur peut s'énoncer en ces termes : « *Produire au plus bas prix la plus grande quantité possible de lait, de viande ou de graisse.* » Sa solution implique deux conditions fondamentales et connexes :

[1] Sources à consulter :

I. *Zusammensetzung und Verdaulichkeit der Futterstoffe, mit Angaben der Quellen nach den neueren Analysen, zusammengestellt von Dr. Dietrich und Dr. Kœnig.* — In-4°; Berlin, 1875.

Composition et digestibilité des fourrages, avec indication des sources; rédigé d'après les analyses les plus récentes, par Dr Dietrich et D^r Kœnig, directeurs des stations agronomiques d'Altmorschen et de Münster.

Les tableaux V, VI, VII et VIII sont la traduction des tableaux récapitulatifs du travail de MM. Dietrich et Kœnig, ouvrage indispensable aux agriculteurs qu'intéresse la question de l'alimentation rationnelle.

II. *Die Thierzucht, von Settegast.* — In-8°, 2e édition, 1869. Breslau.

L'élevage des animaux de la ferme, par Settegast, directeur de l'Académie

GRANDEAU.

1° Durée d'engraissement aussi courte que possible ;

2° Dépense minima d'aliments.

La question étant résolue pour un poids vif de 100 kilogr., d'un animal des différentes espèces, chevaline, porcine, bovine et ovine, l'éleveur aura à tenir compte de la race, des aptitudes individuelles, etc., toutes questions très-importantes, mais qui sortent du cadre nécessairement restreint de cette Instruction.

Pour bien comprendre l'usage des tableaux I, II, III et IV (pag. 24 et suiv.), il est indispensable d'avoir présent à l'esprit le résumé des connaissances exactes que nous possédons aujourd'hui sur la nutrition des animaux.

I.

COMPOSITION DU CORPS DES ANIMAUX.

Au point de vue *technique* et *économique*, le corps d'un animal, débarrassé de ses annexes (peau, poils, ongles, cornes, etc.), peut être considéré comme composé de quatre groupes de matières distinctes :

agricole de Proskau. Ouvrage très-important d'où j'ai extrait les tableaux I, II, III et IV, relatifs à l'établissement des rations normales des animaux de la ferme.

III. *Die zweckmæssigste Ernæhrung des Rindviehes, von F. J. Kühn.* — 6ᵉ édition, 1873. In-12.

L'alimentation du bœuf, par J. Kühn, directeur de l'Institut agronomique de Halle. — 6ᵉ édition. 1873. Excellent ouvrage élémentaire.

IV. Th. v. Gohren. *Die Naturgesetze der Fütterung der landwirthschaftlichen Nutzthiere.* Leipzig, 1872.

Les lois naturelles de l'alimentation des animaux de la ferme par Th. de Gohren, professeur à l'Institut agricole de Liebwerd (Bohême). — Ouvrage très-bien fait et présentant un exposé exact de nos connaissances actuelles sur l'alimentation du bétail.

V. Henneberg et Stohmann. *Beiträge zur Begründung einer rationellen Fütterung der Wiederkäuer.* In-8°, 1860.

VI. *Neue Beiträge, etc.*, par Henneberg, 1872.

Contributions à l'alimentation rationnelle des ruminants, par Henneberg et Stohmann.

Nouvelles contributions, etc., par Henneberg. Publications capitales sur la nutrition des ruminants

VII. *Experimental Inquiry into the composition of some of the animals fed and Staughtered as Human food. By Lawes and Gilbert.* Phil. trans., part. II. 1859. In-4°.

Recherches expérimentales sur la composition de quelques animaux gras et sur les animaux servant à l'alimentation humaine, par J. B. Lawes et Gilbert. *Transactions philosophiques*, t. II. 1859.

1° Chair (à l'état complétement sec, anhydre);

2° Graisse ;

3° Substances minérales (formant la partie incombustible, le squelette) ;

4° Eau.

Cette division, en apparence grossière, se prête très-bien, en réalité, à l'étude qui nous occupe et peut lui servir de base.

Pour que cette division soit justifiée, il faut démontrer :

1° L'identité de composition des graisses ;

2° L'identité de composition des matières azotées.

Le tableau suivant, résumé des expériences récentes faites au laboratoire de Weende, par les docteurs Schultze et Reinecke, prouve l'identité des substances grasses sous le rapport des matières élémentaires dont elles se composent. Cette constitution reste identique, qu'on prenne les graisses dans un individu ou dans un autre, dans une partie du corps ou dans l'autre, et quelque importantes que paraissent les différences de consistance et de qualité.

Ces savants ont trouvé pour la composition centésimale moyenne les chiffres suivants :

	GRAISSE		
	de mouton.	de bœuf.	de porc.
Carbone	76.61	76.50	76.51
Hydrogène	12.03	11.91	11.94
Oxygène	11.36	11.59	11.52
	100.00	100.00	100.00

Quant à la composition des substances organiques autres que la graisse, les analyses de Lawes et Gilbert, portant sur des bœufs, des moutons et des porcs, montrent que les différentes matières organiques azotées que le corps renferme, outre la graisse, sont dans un rapport de poids tel que leur mélange présente la teneur moyenne en azote de l'albumine, c'est-à-dire 16 p. 100; car en multipliant par 6.25, qui est le poids d'albumine correspondant à 1 d'azote, le chiffre de l'azote trouvé directement par Lawes et Gilbert dans les divers tissus azotés des animaux, on retombe sensiblement sur le chiffre qu'ils donnent pour les substances organiques autres que la graisse.

Nous sommes donc en droit d'admettre que le corps d'un animal peut être considéré comme formé :

1° De chair présentant la composition moyenne de l'albumine (16 p. 100 d'azote);

2° De graisse dont la composition est fixe, identique partout (76.5 p. 100 de carbone) ;

3° De matières minérales ;

4° D'eau.

Il résulte encore de là que si l'on détermine exactement : 1° dans les aliments et dans les matières consommées (air, eau, fourrage); 2° dans les produits formés et excrétés (chair, air expiré, excréments), les *quantités* de ces quatre ordres de *composés* : matières azotées, matières non azotées (graisses ou leurs analogues, amidon, fécules, etc.), matières minérales et eau, on pourra établir l'*équation de la nutrition* et se rendre facilement compte de la perte ou du gain en chair ou en graisse. On inscrira :

DOIT. — ENTRÉE.	AVOIR. — SORTIE.
Air inspiré (volume et composition)	Air expiré (volume et composition) . . . .
Aliments solides (poids et composition)	Matières solides rejetées (poids et composition) . . . . . .
Eau (poids et composition). .	Matières liquides rejetées (p^{ds} et composition) . . . . . .
TOTAL. . . .	TOTAL. . . .

La différence en plus ou en moins correspondra :

1° A un gain ou à une perte en *chair*, si la différence porte sur l'*azote*; ainsi à 16 d'azote en plus, à l'entrée qu'à la sortie, correspondra un gain ou une perte de 100 en chair (il est démontré que l'azote de l'air n'entre pour rien en ligne de compte) ;

2° A un gain ou à une perte en *graisse* dont la dominante est le *carbone* : à 76.5 de carbone correspondent 100 de graisse. Les *matières minérales* à doser dans les fourrages et dans les excréments sont principalement le phosphate et le carbonate de chaux et la potasse, mais la perte ou le gain sur ces matières sera insensible pour l'animal adulte en bonne santé ; l'échange est presque mathématique. L'*eau* se dose par différence. Connaissant l'augmentation totale d'un animal en 24 heures et l'augmentation en chair, en graisse et en matière minérale, on en déduit le poids d'eau. Ex. :

```
                              Un bœuf augmente de 1k,030 par jour, savoir :
Chair. . . . . . . . . . . . . . . . . . .   0k,220  |
Graisse. . . . . . . . . . . . . . . . . .   0   230  |  0   510
Matières minérales . . . . . . . . . . .     0   010  |
       L'augmentation en eau est donc . . . . . . . .   0k,520
```

Il est impossible de résoudre le problème du rationnement sans le secours de l'expérimentation.

De très-nombreux essais ont été faits en vue d'établir la *Statique chimique* de la nutrition pour les animaux de la ferme. Mais les méthodes employées avant la construction du grand appareil respiratoire de Pettenkofer présentaient de graves imperfections, les animaux étant placés généralement dans des conditions anormales et ne présentant pas de moyen de contrôle. Dans l'appareil de Pettenkofer, au contraire, l'animal peut se mouvoir, manger et

dormir à l'aise, vivre enfin dans les conditions habituel-
les ; l'air y est constamment renouvelé à l'aide d'un ven-
tilateur ; des prises d'air permettent de recueillir, pour
l'analyser à divers moments de l'expérience, telle quantité de gaz que l'on désire.

L'avantage immense qu'offre cette méthode sur toutes
les autres, c'est qu'elle permet de contrôler, par des expériences directes, les résultats qu'elle fournit. Les essais
faits par l'auteur prouvent que l'appareil est aussi parfait
que possible. Ajoutons que des dispositions très-bien en-
tendues permettent de recueillir, sans en rien perdre,
l'urine et les excréments des animaux soumis à l'expérience. On voit que grâce à cet appareil, dont la description ne saurait trouver place ici, on peut suivre de point
en point les phénomènes de la nutrition chez les animaux, sans cesser de les placer dans les conditions normales. On peut, d'une part, analyser tous les produits de
la respiration et de la perspiration cutanée ; de l'autre,
recueillir la totalité des matières non assimilées et reje-
tées sous forme de fèces et d'urine. L'animal, pesé avant
son entrée dans l'appareil et à sa sortie, reçoit une
quantité pesée de fourrage ou de tout autre aliment ; la
disposition des mangeoires est telle qu'aucune quantité
des aliments ne peut être perdue ; on a donc réalisé
toutes les conditions d'une expérimentation irréprocha-
ble. (Voir, pour la description de l'appareil, *Stations
agronomiques et laboratoires agricoles*, 1868.

C'est à l'aide de cet appareil qu'Henneberg fit sur des
bœufs de très-instructives expériences dont on trouvera
le détail dans les mémoires indiqués plus haut (*Beitræge
zur Begründung,* etc.).

II.

BASES DE L'ALIMENTATION RATIONNELLE.

L'art de l'alimentation rationnelle du bétail, c'est-à-dire la connaissance des conditions économiques de l'entretien, de l'engraissement et de l'élevage, est tout moderne.

Il repose sur quelques principes fondamentaux qu'il importe de rappeler.

1) Tout élément *assimilé* par l'animal vient du dehors ; chaque parcelle de la matière constituante des corps vivants est empruntée à la matière inerte et, à leur mort, fait retour au monde minéral.

2) L'animal adulte en bonne santé, soumis au repos ou à un travail modéré, ne s'engraissant pas, ne subissant pas de pertes exceptionnelles telles que celles qui se produisent dans la gestation ou la lactation, conserve un poids uniforme sous l'influence d'une alimentation suffisante et régulière.

L'assimilation (dans l'état d'entretien) a donc pour résultat unique le remplacement des éléments usés de nos tissus, la reconstitution des divers liquides et tissus détruits par la vie.

3) Une alimentation est insuffisante dès que l'animal qui y est soumis se *dénourrit,* c'est-à-dire perd de son poids et est obligé de consommer une partie de ses tissus (graisse) pour fournir à l'entretien des autres.

Ces trois points sont la base de toute la physiologie de la nutrition et il faut les admettre comme des axiomes.

Il y a quatre cas particuliers à considérer dans l'alimentation rationnelle du bétail de la ferme :

1er CAS. — *Animal jeune, du sevrage à l'état adulte.* — A cet âge, il assimile beaucoup, rejette au dehors moins de principes nutritifs qu'il n'en reçoit, et son poids s'accroît.

2e CAS. — *Animal adulte à l'entretien et au repos.* — Il n'assimile qu'en proportion de ce qu'il rejette ; il y a équilibre parfait entre l'entrée et la sortie ; le poids reste le même.

3e CAS. — *Animal adulte à l'engrais.* — Il assimile plus qu'il ne rejette, le poids augmente.

4e CAS. — *Animal femelle dans les périodes de gestation ou de lactation.* — C'est un cas exceptionnel où l'animal, tout en assimilant beaucoup, rend autant qu'il reçoit ; ce n'est donc là qu'un cas particulier de la ration d'entretien.

En réalité, il n'y a que deux grandes catégories à considérer :

1° Celle où l'animal est en équilibre et rend autant qu'il reçoit (entretien, lactation) ;

2° Celle où l'équilibre est rompu en faveur de l'assimilation (développement normal, engraissement).

Il peut se faire, en outre, que l'excès de travail, à un moment donné, ou la prolongation d'un travail forcé exigent une alimentation plus abondante qu'on peut traduire sous le nom de ration supplémentaire.

Le but que le cultivateur doit chercher à atteindre est de nourrir et entretenir, dans les meilleures conditions physiologiques possibles, la plus grande somme de poids vif de bétail, avec le moins de frais possible.

Les rations doivent, avec les cas particuliers (race, climat, nature et quantité de travail), subir des modifications que l'expérience et la pratique enseignent. Nous ne nous préoccuperons que des règles générales : les bases de l'alimentation rationnelle une fois posées, l'expérience et l'intelligence du cultivateur feront le reste : et, disons-le en passant, l'application des données scientifiques n'aboutira qu'à des mécomptes si l'on n'y joint une surveillance constante et des soins vigilants. Rien n'est plus vrai que le proverbe allemand : *L'œil du maître engraisse le bétail.*

La nécessité de l'alimentation est démontrée par ce fait d'expérience vulgaire et de tous les temps : que les fonctions physiologiques (respiration, sécrétion, excrétion, circulation, etc.), dont l'ensemble constitue ce qu'on appelle *la santé,* ne continuent à s'exercer régulièrement, toutes choses égales d'ailleurs, qu'autant qu'on alimente le corps à des intervalles assez rapprochés.

Une alimentation insuffisante amène d'abord une diminution du poids du corps, des troubles généraux, la disparition de la graisse, la diminution du système musculaire, la perte des forces, la suppression des excrétions, le froid et, finalement, la mort.

L'alimentation peut être insuffisante à deux points de vue:

1° Sous le rapport de la nature des aliments ;

2° Sous le rapport de la quantité.

Au fond, cela revient toujours à une insuffisance de la quantité absolue, nécessaire, de principes nutritifs contenus dans les aliments. Il faut un certain ensemble de principes pour constituer un aliment, et bien peu renferment tous ceux qui sont nécessaires à la vie ; il n'y a guère que le lait et l'herbe de prairie qui soient pour l'herbivore des aliments parfaits.

La nourriture étant la source à laquelle les êtres vivants puisent la matière de leur organisation, les herbivores doivent nécessairement trouver dans les végétaux qu'ils consomment les éléments qu'ils assimilent. En effet, la constitution chimique générale des animaux présente les plus grandes analogies avec celle des végétaux. Exemple :

CORPS DES ANIMAUX.	TISSUS DES VÉGÉTAUX.
Albumine, chair (16 p. 100 d'azote).	Albumine, caséine | Gluten, légumine | 16 p. 100 d'azote.
Graisse (acide margarique du porc), 76 p. 100 de carbone.	Graisse (acide margarique d'huile d'olive). 76 p. 100 de carbone.
Sucre de foie, sucre de glucose, produits qui en dérivent.	Amidon, fécule, sucre de glucose, — de canne.
Os.	Cendres (phosphates, carbonates).

Il y a donc, entre la composition des aliments végétaux et celle des tissus animaux, une relation que nous reconnaissons toujours plus étroite à mesure que nous avançons. Dès lors la nourriture des herbivores doit renfermer, et renferme en effet, quatre principes essentiels dont la réunion constitue l'aliment normal, savoir :

1° Une matière azotée, comme l'albumine, la caséine, le gluten ; c'est là l'origine de la viande ;

2° Une matière grasse ;

3° Une matière à composition ternaire (amidon, sucre, fécule) ;

4° Des sels, particulièrement des phosphates de chaux, magnésie, fer.

Puisque les animaux trouvent leur propre substance dans les aliments dont ils se nourrissent, il est évident que les plus convenables sont ceux qui, sous le même poids, contiennent le plus de principes nutritifs.

Le problème de l'alimentation rationnelle consiste à trouver par expérience, ou à déduire *à priori* par le calcul, les proportions de *matières nutritives végétales* à donner aux animaux de la ferme pour arriver, dans les meilleures conditions *physiologiques* et *économiques*, à l'*entretien* des animaux s'il s'agit des bêtes de trait, à la *production* de lait, de viande, de graisse, pour les bêtes de rente.

Le problème, ainsi posé, rencontre des difficultés pratiques considérables. La composition variable et très-complexe des aliments végétaux rend presque impossible de faire entrer en ligne de compte *tous les principes* des plantes.

On a donc dû faire un choix parmi ces principes. Le degré d'activité *du rôle nutritif* des divers éléments d'une part, la nécessité démontrée par l'observation de donner un certain volume de fourrage d'autre part, ont déterminé ce choix. On ignore d'ailleurs d'une manière à peu près complète le rôle des éléments négligés, acides organiques, bases, etc.

Les plantes sont le véritable laboratoire où se préparent les aliments des animaux. Ce sont les feuilles et, en général, les parties vertes des plantes qui transforment la matière minérale en matière organique, c'est là que se fait le plus grand travail chimique ; l'ammoniaque, l'acide carboniqueet la vapeur d'eau de l'air y sont décomposés ; toute la matière organique des plantes provient de ces trois corps qui subissent dans les feuilles des phénomènes de réduction.

Les racines, à leur tour, s'emparent des principes minéraux du sol, et les plantes produisent, par une série de réactions encore presque complétement inconnues dans leur essence, les composés de charbon, azote, hydrogène, soufre et phosphore qui constituent les principes nutritifs des fourrages et, en général, ceux de tous les aliments des herbivores.

L'animal transforme ensuite ces matériaux pour constituer ses tissus. C'est l'étude de ces transformations qui conduit à tracer les règles générales de l'alimentation rationnelle.

L'examen le plus superficiel de la composition chimique des aliments végétaux nous les montre composés d'au moins deux ordres de matières, les unes volatiles ou combustibles, les autres fixes et indestructibles par la chaleur.

Les principes volatils et combustibles renferment :

1° De l'eau ;

2° Des substances sèches composées de :

    a) Matières azotées brutes,

    b) Matières grasses,

    c) Matières extractives non azotées (amidon, sucre),

    d) Cellulose brute, ligneux [1].

(1) Voici la composition centésimale des principes nutritifs :

MATIÈRES NON AZOTÉES.					
	SUCRE de betteraves	SUCRE de fruits.	AMIDON ou fécule.	CELLULOSE	GRAISSE.
Carbone.	42.1	40.0	44.4	44.4	76.6
Hydrogène.	6.5	6.7	6.2	6.2	12.0
Oxygène.	51.4	53.3	49.4	49.4	11.4
	100.0	100.0	100.0	100.0	100.0

MATIÈRES AZOTÉES.			
	ALBUMINE et fibrine animales.	ALBUMINE et fibrine végétales.	COMPOSITION moyenne adoptée pour les calculs.
Carbone.	54.1	53.7	54
Hydrogène.	7.3	7.1	7
Oxygène.	21.4	22.6	22
Azote.	16.1	15.6	16
Soufre	1.1	1.0	1
	100.0	100.0	100

Les principes fixes ou cendres renferment :

Acide phosphorique, chaux, magnésie, potasse, silice, oxyde de fer, soufre, chlore, etc.

Le rôle des principes azotés ou aliments plastiques étant fort différent, au point de vue physiologique, du rôle des aliments respiratoires (amidon, sucre), il importe d'analyser les fourrages pour arriver à une ration économique d'alimentation.

Il y a trois conditions indispensables pour qu'un fourrage soit (pour une espèce animale donnée) un aliment parfait.

Premièrement, il faut satisfaire aux conditions anatomiques de l'appareil digestif; le volume de l'aliment doit être proportionnel au volume de l'estomac. Un ruminant doit recevoir un plus grand volume d'aliments, pour une même quantité de substances nutritives, qu'un carnivore. Le rapport entre la quantité de cellulose, de ligneux et celle des autres principes donne la mesure du volume qu'il faut établir pour chaque espèce animale.

La richesse en azote vient ensuite comme condition *sine quâ non* d'un aliment parfait. (Production de la chair et de la force musculaire.)

Enfin, il faut une certaine quantité d'aliments respiratoires destinés surtout à réparer la perte en charbon et en hydrogène due à la combustion animale.

Les trois conditions essentielles sont donc :

1° Volume du fourrage ;

2° Richesse en matières azotées ;

3° Richesse en matières non azotées assimilables.

La connaissance de ces trois données nous conduit à des indications précieuses sur le poids et sur le volume de chaque fourrage à donner à l'animal pour atteindre les buts suivants :

1° Remplir suffisamment l'estomac ;

2° Compenser les déperditions du sang et des muscles dans l'usure organique ;

3° Satisfaire aux conditions normales d'entretien de la chaleur animale ;

4° Fournir à la production de chair, graisse, lait, suivant les cas.

Les tableaux V et VI donnent les proportions de chacun de ces groupes de substances contenues dans les principaux aliments. Les chiffres qu'ils renferment mettent en relief l'énorme différence qu'il y a entre les diverses substances alimentaires. Sous le rapport de leur composition, on peut ranger les fourrages en cinq catégories principales : herbes, foins, grains, racines, déchets industriels.

Les tableaux V et VI indiquent la *composition* immédiate des fourrages verts ou supposés tels. Ils sont muets en ce qui concerne la *digestibilité* des fourrages, question que l'analyse ne peut résoudre qu'avec le secours de l'expérimentation directe.

Il ne résulte pas, en effet, *à priori*, de la composition identique de deux fourrages que, consommés en même quantité, ils produiront le même résultat en graisse, lait, chair ou laine ; la digestibilité varie avec les espèces animales pour une même substance, et avec les fourrages pour une même espèce animale ; c'est ce que nous examinerons plus loin.

Y a-t-il, parmi les fourrages que nous possédons, *un aliment* que nous puissions considérer comme normal

pour toutes les espèces, dont la composition suffira à
tous les buts agricoles, entretien, lait, graisse, etc.?

On a cru pendant longtemps que le foin de prairie
remplissait toutes ces conditions et qu'il pouvait servir de
type unique, de point de départ à tous les calculs de
ration.

La simple inspection de nos tableaux montre que les
divers aliments diffèrent notablement, sous le rapport
de leur teneur, en chacun des divers groupes de substances sous lesquels nous avons classé les principes cons-
tituants des fourrages. Ils ne sont donc pas absolument,
tant s'en faut, comparables à du foin de prairie.

Pour ne prendre que les exemples les plus saillants,
nous voyons que :

Le froment renferme 14	p. 100	d'eau, et le chou	90 p. 100
Le maïs vert	—	1	—	de matières azotées, et la vesce . .	27 —
Le chou	—	5	—	de matières non azotées, et le seigle.	70 —
La betterave	—	1.3	—	de cellulose brute, et le son de blé.	26 —
Le maïs	—	1.2	—	de cendres, et la paille d'orge . . .	2 —

Ces énormes écarts impliquent naturellement une valeur très-différente pour chacun de ces fourrages sous
le triple rapport : 1° du volume, 2° de la richesse en
matières plastiques, 3° de la teneur en aliments respiratoires.

Nous avons dit qu'on avait longtemps pris le foin pour
type ; mais cette base elle-même n'est pas définie, car il
y a foin et foin, et les différences dans la composition
immédiate peuvent être énormes. D'après Kühn :

La substance sèche peut varier, dans le foin, de.	12.4 à 48.1	p. 100
Les matières azotées peuvent varier, dans le foin, de. . .	1.6 à 6.0	—
Les matières grasses peuvent varier, dans le foin, de. . .	0.3 à 1.5	—
Les matières non azotées peuvent varier, dans le foin, de.	3.5 à 22.8	—
La cellulose brute peut varier, dans le foin, de.	8.12 à 17.0	—

Pour opérer scientifiquement l'établissement d'une

ration, il faut donc analyser, au préalable, les aliments qui doivent entrer dans cette ration. Mais l'analyse de nombreux foins de valeur nutritive moyenne et les mélanges fourragers reconnus, empiriquement d'abord, puis expérimentalement, équivalents au foin de bonne qualité, a permis de sortir d'embarras. Elle a montré qu'une ration suffisante doit présenter sensiblement le rapport $\frac{1}{5}$ entre les matières azotées et les matières non azotées, et que la teneur moyenne en cellulose brute doit être de 30 p. 100 de la substance sèche, pour les ruminants.

La chimie, en nous permettant de bien étudier la composition des fourrages, rend possibles des combinaisons de rations presque à l'infini. Toutes reposent sur la composition de ce que nous appelons le *foin normal*, fourrage ou mélange fourrager qui est pour nous celui où le rapport

$$\frac{\text{matières azotées}}{\text{matières non azotées}} = \frac{1}{5}$$

et où le tiers de la substance sèche est formé par de la cellulose. Cette définition constitue un grand progrès sur l'ancien équivalent en foin de Thaër, en ce sens qu'elle donne au mot *foin* une signification claire et bien définie. Un aliment dont la composition satisfait aux deux rapports précédents donne une idée d'un aliment parfait, puisque les herbivores nourris avec du foin de bonne qualité s'entretiennent très-bien.

Autrefois on commettait une erreur grave en assimilant sans analyse préalable tout mélange, tout fourrage, à une quantité déterminée de foin de prairie. On s'est laissé entraîner si loin dans cette assimilation erronée qu'on a dressé des tables d'équivalents en foin auxquelles on a attribué une valeur absolue ; on a cru pouvoir aller jusqu'à donner le nombre de kilogrammes de foin normal ou son équivalent nécessaire pour obtenir un produit animal déterminé.

C'est ainsi qu'on admit qu'il fallait :

16 ⅔ livres valeur foin pour l'entretien de 1,000 livres de poids vif;
1 — — pour 1 livre de lait;
1 .— — pour ¹/₁₀ livre de veau dans le sein de sa
   mère;
10 — — pour 1 livre d'augmentation de poids pour
   le jeune bétail ou le bétail adulte à l'engrais;
10 — — pour ¹/₂ livre d'augmentation de poids vif
   chez le mouton ou pour 4 gros de laine
   non lavée.

Ces principes trop absolus et manquant de base certaine, puisque rien n'est plus variable que la composition du foin, entraînaient des erreurs évidentes. Ils supposaient, en effet, une équivalence parfaite, d'abord entre tous les foins moyens, ensuite entre les foins normaux et les rations équivalentes d'autres fourrages, enfin entre les alimentations devant conduire à des buts différents (lait, graisse, entretien). Il n'y a rien d'aussi absolu dans les phénomènes physiologiques.

La théorie de l'équivalent en foin est condamnée par les essais empiriques des agronomes qui, d'après les expériences faites en différents lieux avec des fourrages non analysés, donnent pour équivalents de 100 kilogrammes de foin normal des nombres comme ceux-ci :

666 kilos paille de froment (Thaër);
175 — — (Flottow);
.800 — navets (Middleton);
290 — — (Mayer);
30 — pois (Block);
66 — — (Thaër).

De semblables écarts rendent évidente la fausseté du

principe auquel l'expérience suivante de Stohmann et Henneberg, en 1860, vint porter un coup décisif.

Des bœufs en bon état, au repos, nourris dans une étable à la température de 10° à 12° R., la plus favorable à l'entretien, à la lactation et à l'engraissement du bétail, reçurent, par jour, les rations suivantes d'entretien, c'est-à-dire suffisantes, *expérimentalement,* pour maintenir le même poids vif chez l'animal :

Bœuf :

```
a) 17.5 livres foin de trèfle ;
b) 11.4   —   paille d'avoine + 43 livres betteraves;
c) 12.6   —       —        + 25.6      —        + 1 livre tourteaux de colza ;
d) 13.0   —       —        +  3.7  foin de trèfle + 0.6      —
e) 14.2   —       —        +  2.6      —          + 0.5      —
f) 13.3   —   paille de seigle +  3.8      —          + 0.6      —
```

La valeur en foin de ces diverses rations, calculée d'après les nombres usités par les empiriques, savoir :

```
100 livres de foin de trèfle = 200 livres de paille d'avoine ;
              —              = 300    —    de paille de seigle ;
              —              = 350    —    de betteraves ;
              —              =  40    —    de tourteaux de colza.
```

serait :

```
Bœuf. — a) . . . . . . 17.5      Bœuf. — d) . . . . . . 11.7
   —    b) . . . . . . 18          —    e) . . . . . . 10.9
   —    c) . . . . . . 16.1        —    f) . . . . . .  9.7
```

On arriverait donc à cette conséquence absurde que 17.5 livres de foin de trèfle ont la même valeur nutritive 9.7 livres du même fourrage.

Il faut ajouter que dans tous ces calculs sur les équivalents en foin, il n'était tenu aucun compte des principes autres que les matières azotées, c'est-à-dire de l'amidon, des corps gras, de la cellulose...

Les contradictions auxquelles on arrive en calculant le fourrage sur l'équivalent en foin disparaissent et les causes qui règlent la valeur nutritive des divers fourrages sont mises en relief, si l'on substitue la composition chimique des fourrages à l'équivalence en foin.

Il y a une autre donnée que je néglige pour l'instant, c'est la valeur relative en numéraire des différents principes des fourrages (matières azotées, matières non azotées, cellulose).

III.

RATIONS NORMALES DES ANIMAUX DE LA FERME.

L'équivalent du foin étant reconnu une base fausse, l'alimentation *ad libitum* (1) ne conduisant pas davantage à de bons résultats, il nous faut arriver au calcul basé sur la composition moyenne des fourrages pour faire nos rations.

Les tableaux I, II, III et IV vont nous servir de point de départ ; mais rappelons-nous toujours trois choses :

1° Que la valeur nutritive diminue en général avec l'augmentation de la cellulose dans la ration ;

2° Que le rapport entre la teneur des fourrages en matières azotées et leur richesse en matières non azotées est très-variable ;

3° Qu'il faut non-seulement un rapport convenable entre les matières azotées et les matières non azotées, mais encore un certain volume d'aliments pour un fourragement convenable.

Examinons maintenant le dispositif des tableaux I à IV.

____

(1) Méthode dans laquelle on abandonne au choix instinctif de l'animal le choix des fourrages.

Ils indiquent les quantités de substances sèches, de matières azotées et non azotées qui doivent entrer dans les rations journalières des quatre espèces principales de la ferme : chevaline, bovine, ovine, porcine.

Ces tableaux ne sont pas théoriques ; ils sont l'expression de nombreuses expériences directes d'alimentation ; les modifications qu'ils peuvent subir sont laissées à l'intelligence et à l'observation du cultivateur.

TABLEAU I. — Espèce chevaline.

ESPÈCES. — Destination des animaux.	RATION JOURNALIÈRE PAR TÊTE.	OBSERVATIONS.
Poulains , jusqu'au sevrage.	Avoine et foin de meilleure qualité, *ad libitum.*	
Poulains, du sevrage à un an.	7 litres d'avoine, foin supérieur, *ad libitum.*	
Poulains, d'un an à deux ans.	Du printemps à l'automne, pâturages succulents ; en hiver de 6 à 9 kil. de foin, 2 à 3 kil. de paille et de balle.	Les bêtes de prix reçoivent un supplément de 2 à 4 litres d'avoine.
Poulains, de deux à trois ans.	Du printemps à l'automne, comme plus haut ; en hiver, de 6 à 9 kil. de foin, 5 à 7 ½ kil. de paille et de balle.	
Chevaux de course, de chasse, de cavalerie, chevaux légers de trait.	De 7 à 10 lit. d'avoine, 3 à 4 kil. de foin, 1 à 1 ½ kil. de paille.	Supplément d'avoine pour service forcé.
Chevaux lourds de trait.	10 à 14 lit. d'avoine, 3 à 4 kil. de foin, 1 à 1 ½ kil. de paille.	
Chevaux destinés à l'agriculture . . . . . { légers .	7 à 10 lit. d'avoine, 3 à 4 kil de foin, 1 ½ kil. de paille.	
{ moyens	10 lit. d'avoine, 4 à 5 kil. de foin, 1 ½ à 2 kil. de paille.	
{ lourds .	14 lit. d'avoine, 5 à 6 kil. de foin, 1 ½ à 2 kil. de paille.	
Chevaux de somme. .	17 à 21 lit. d'avoine, 6 à 7 ½ kil. de foin, 2 kil. de paille.	
Juments de moyen poids, sans travail.	7 ½ à 10 kil. de foin, 4 à 6 kil. de paille et de balle.	Les bêtes de prix et les vieilles juments reçoivent un supplément de 2 à 3 lit. d'avoine.

TABLEAU II. — Espèce bovine.

ESPÈCE DES ANIMAUX. — BUT UTILE.	RATIONS JOURNALIÈRE, PAR TÊTE.			RATION JOURNALIÈRE.				RAPPORT entre les substances azotées et les substances non azotées.
	Lait.	Farine d'avoine (cuite), dans la boisson.	Avoine en grains.	Substance sèche.	MATIÈRES NUTRITIVES		Total.	
					azotées.	non azotées.		
Veaux de poids moyen, pour élever.	Litres.	kilogr.	kilogr.	kilogr.	kilogr.	kilogr.	kilogr.	
1re semaine	3 1/2	—	—	—	—	—	—	—
2e —	4 1/2	—	—	—	—	—	—	—
3e —	7 1/2	—	—	—	—	—	—	—
4e —	7 1/2	0,25	—	—	—	—	—	—
5e —	9	0,25	—	—	—	—	—	—
6e —	11	0,25	—	—	—	—	—	—
7e —	9	0,50	—	—	—	—	—	—
8e —	7 1/2	0,50	0,50	—	—	—	—	—
9e —	4 1/2	0,75	0,75	—	—	—	—	—
10e —	2 1/2	0,75	0,75	—	—	—	—	—
POUR 50 KIL. DE POIDS VIF.								
De la 11e semaine à 6 mois	—	—	—	1,25	0,25 — 0,20	0,75 — 0,80	1	1:3 — 1:4
De 6 mois à 1 an	—	—	—	1,50	0,165	0,880	1	1:5
De la 1re année à la fin de la 2e	—	—	—	1,50	0,125	0,750	0,875	1:6
POUR 500 KIL. DE POIDS VIF.								
Vaches à lait	—	—	—	11 — 15	1,15 — 1,50	6,25 — 7	7,4 — 8,50	1:4,7 — 1:5,4
Bœufs de travail	—	—	—	12,5 — 15	1,15 — 1,50	6 — 7,50	7,15 — 9	1:5,2 — 1:7
Mois de repos pour les bœufs	—	—	—	8,5 — 10,5	0,5 — 0,75	3,5 — 4,25	4 — 5	1:5,7 — 1:7
Bœufs et vaches à l'engrais 1re période	—	—	—	13,5	1,5	7,5	9	1:5
2e —	—	—	—	13	1,65	7,5	9,15	1:4,5
3e —	—	—	—	12,5	1,85	7,5	9,35	1:4

TABLEAU III. — Espèce ovine.

<table>
<tr><th rowspan="3"></th><th colspan="14">MOUTONS À LAINE.</th><th colspan="6">MOUTONS DE BOUCHERIE.</th></tr>
<tr><th colspan="7">MÉRINOS LÉGER. — TYPE DE LA HESSE ÉLECTORALE.
Brebis-mères, de 30 à 40 kil., poids vif.</th><th colspan="7">MÉRINOS LOURD. — TYPE NEGRETTI ET RAMBOUILLET.
Brebis-mères, de 45 à 60 kil., poids vif.</th><th colspan="6">Brebis-mères, de 50 à 60 kil.,
poids vif.</th></tr>
<tr><th>Agneaux de 3 mois à 6 mois.</th><th>Agneaux de 6 mois à un an.</th><th>D'un an à deux ans.</th><th>Brebis-mères.</th><th>Béliers.</th><th>Moutons à l'engrais.</th><th>Moutons destinés à la production de la laine.</th><th>Agneaux de 3 mois à 6 mois.</th><th>Agneaux de 6 mois à un an.</th><th>D'un an à deux ans.</th><th>Brebis-mères.</th><th>Béliers.</th><th>Moutons à l'engrais.</th><th>Moutons destinés à la production de la laine.</th><th>Agneau de 3 à 6 mois.</th><th>Agneaux de 6 mois à un an.</th><th>D'un an à deux ans.</th><th>Brebis-mères.</th><th>Béliers.</th><th>Moutons à l'engrais.</th></tr>
<tr><td></td><td>kil.</td><td>kil.</td><td>kil.</td><td>kil.</td><td>kil.</td><td>kil.</td><td>kil.</td><td>kil.</td><td>kil.</td><td>kil.</td><td>kil.</td><td>kil.</td><td>kil.</td><td>kil.</td><td>kil.</td><td>kil.</td><td>kil.</td><td>kil.</td><td>kil.</td><td>kil.</td></tr>
<tr><td>Substances sèches</td><td>0,5</td><td>0,67</td><td>0,925</td><td>1</td><td>1,25</td><td>1,50</td><td>0,965</td><td>0,65</td><td>0,75</td><td>1,125</td><td>1,135</td><td>1,465</td><td>1,725</td><td>1,1</td><td>0,75</td><td>1,075</td><td>1,25</td><td>1,25</td><td>1,675</td><td>1,85</td></tr>
<tr><td>Matières nutritives { azotées .</td><td>0,65</td><td>0,7</td><td>0,75</td><td>0,85</td><td>0,12</td><td>0,15</td><td>0,65</td><td>0,85</td><td>0,9</td><td>0,11</td><td>0,11</td><td>0,15</td><td>0,20</td><td>0,7</td><td>0,1</td><td>0,14</td><td>0,155</td><td>0,13</td><td>0,175</td><td>0,25</td></tr>
<tr><td>n.-azotées</td><td>0,275</td><td>0,35</td><td>0,4</td><td>0,435</td><td>0,6</td><td>0,65</td><td>0,415</td><td>0,33</td><td>0,4</td><td>0,55</td><td>0,58</td><td>0,8</td><td>0,845</td><td>0,44</td><td>0,37</td><td>0,57</td><td>0,725</td><td>0,67</td><td>0,89</td><td>0,90</td></tr>
<tr><td>total ...</td><td>0,34</td><td>0,42</td><td>0,475</td><td>0,52</td><td>0,72</td><td>0,80</td><td>0,49</td><td>0,415</td><td>0,48</td><td>0,66</td><td>0,69</td><td>0,95</td><td>1,045</td><td>0,51</td><td>0,47</td><td>0,76</td><td>0,88</td><td>0,80</td><td>1,65</td><td>1,15</td></tr>
<tr><td>Rapport entre les matières nutritives azotées et non azotées....</td><td>1:4,2</td><td>1:5</td><td>1:5,3</td><td>1:5,1</td><td>1:5</td><td>1:4,3</td><td>1:6,5</td><td>1:3,9</td><td>1:5</td><td>1:5</td><td>1:5,3</td><td>1:5,3</td><td>1:4,2</td><td>1:6,8</td><td>1:3,7</td><td>1:4</td><td>1:4,7</td><td>1:5</td><td>1:5</td><td>1:3,6</td></tr>
</table>

Jusqu'au sevrage, les agneaux reçoivent du foin de la meilleure qualité, et de l'avoine (ou un mélange d'avoine et de pois), *ad libitum*. La consommation en atteint, aux approches du sevrage :

	PAR JOUR.	
	Foin.	Grains.
Pour cent têtes, agneau de race léger mérinos..	20k	6k
— — — lourd — .	30	7,5
— — de boucherie — ..	40	9

TABLEAU IV. — Espèce porcine.

ESPÈCES. — Destination utile.	RATION JOURNALIÈRE POUR 50 KIL. DE POIDS VIF.				RAPPORT des matières nutritives.
	Substances sèches.	MATIÈRES NUTRITIVES		Total.	
		azotées.	non azotées.		
Cochons de lait pour l'élevage, du sevrage à 6 mois....	2 — 2,5	0,375 — 0,45	1,50 — 1,375	1,825 — 1,875	1:3 — 1:4
De 6 mois à un an....	1,375 — 1,75	0,15 — 0,225	1,05 — 1,35	1,2 — 1,575	1:6 — 1:7
Porc à l'engrais, adulte	1,50	0,2	1,0	1,2	1:5
Laie......	1	0,9	0,71	0,8	1:8

Le cheval est l'espèce pour laquelle il est le plus difficile de donner des rations applicables dans tous les cas ; cela tient à ce qu'il est exigeant pour sa nourriture et qu'on lui demande un travail très-variable. Le véritable aliment fondamental du cheval est l'avoine ; c'est elle seule qui, dans nos climats, lui donne de la vitesse.

Mais on peut, avec succès, remplacer une partie de l'avoine, dans la ration des chevaux de trait ou de travail, par diverses matières alimentaires, telles que maïs concassé, féveroles brisées, tourteaux divers, drêches séchées, etc.

Le rapport des matières azotées aux principes non azotés, indiqué dans les rations normales des tableaux I à IV, rapport qui oscille autour de $^1/_5$, résulte de l'accord des observations des praticiens avec les déductions scientifiques.

Les tableaux V et VI donnent la teneur des matières nutritives des différentes substances fourragères ; on y trouve les taux pour cent de l'eau, de la substance sèche, de matières nutritives comprenant les matières azotées et non azotées ; la substance grasse de ces dernières, la cellulose brute, les cendres. La dernière colonne indique le rapport des matières azotées aux principes non azotés.

Il ne faut pas oublier que ce sont des chiffres moyens déduits d'un grand nombre d'analyses, mais très-suffisants pour tous les calculs de rations. En tout cas, les rations calculées à l'aide de ces données seront beaucoup mieux appropriées aux besoins divers des animaux de la ferme que celles qui sont faites au hasard.

EXEMPLE D'UN CALCUL DE RATION.

Supposons qu'il s'agit de l'alimentation de bœufs de 6 mois à 1 an : le cultivateur a à sa disposition les aliments suivants : foin, paille de seigle, tourteaux de colza. Il voit que le foin va lui manquer ; il veut rationner ses animaux et remplacer en partie le foin par du tourteau et par de la paille de seigle pour donner jusqu'à la fin la même alimentation, condition excellente pour le bétail.

C'est le cas le plus simple du passage de l'alimentation au foin seul à une alimentation mixte.

Il donnait par 1,000 kilogr. de poids vif 25 kilogr. de foin ; cette ration était suffisante pour l'entretien. Il s'agit de ne plus donner que 10 kilogr. de foin et de remplacer les 15 kilogr. manquants par des tourteaux de colza et par de la paille de seigle.

Voici le type du calcul. (Nombres pris dans le tableau V) :

$$25 \text{ kilos de foin contiennent } \frac{10.11}{4} = 2^k,5 \text{ de matières azotées ;}$$

$$- \quad \frac{43.24}{4} = 10 \ 18 \quad - \quad \text{non azotées ;}$$

$$- \quad \frac{85.41}{4} = 21 \ 35 \text{ de substance sèche ;}$$

10 kilos de foin contiennent $\dfrac{10.11}{10} = 1^k,01$ de matières azotées;

— $\dfrac{43.24}{10} =$ 4 32 — non azotées;

— $\dfrac{85.41}{10} =$ 8 54 de substance sèche.

Le déficit en matières azotées $= 2,5 - 1,01 = 1,49$ qu'il faut combler par les tourteaux et par la paille. Or :

100 kilos de tourteaux de colza contiennent $\begin{cases} 31^k,59 \text{ de matières azotées;} \\ 39\ ,02 \quad — \quad \text{non azotées;} \\ 88\ ,66 \text{ de substance sèche.} \end{cases}$

d'où

$$31.59 : 100 :: 1.49 : x$$

d'où encore

$$x = \frac{1.49 \times 100}{31.59} \text{ ou } 4^k,7 \text{ de tourteaux}$$

qui équivalent à 15 kilogr. de foin en matières azotées.

Voyons le déficit en matières non azotées; il est de $10^k,81 - 4^k,32$, ou 6^k49.

Mais $4^k,7$ de tourteaux contiennent $1^k,37$ de matières non azotées; nous avons donc :

	MATIÈRES azotées.	MATIÈRES non azotées.
Avec $10^k,0$ de foin.	1.01	4.32
et 4 ,7 de tourteaux.	1.49	1.37
	2.50	5.69

Le compte y est en matières azotées, mais il nous manque $10^k,81 - 5,69$, ou $5^k,12$ de matières non azotées.

Combien faut-il de paille de seigle pour les fournir?

$$34.77 : 100 :: 5.12 : x$$

$$x = \frac{100 \times 5.12}{34.7} = 14^k,7$$

Il nous faudra donc ajouter $14^k,7$ de paille de seigle, mais nous ajoutons par ce fait en matières azotées :

$$100 : 3.61 :: 14.7 : x$$

d'où

$$x = 0^k,53 \text{ matières azotées.}$$

Récapitulons :

	MATIÈRES azotées.	MATIÈRES non azotées.	SUBSTANCE sèche.
10k,0 de foin	1.01	4.32	8.5
4 ,7 de tourteaux de colza .	1.49	1.37	4.1
14 ,7 de paille de seigle . . .	0.53	5.12	12.7
	3.03	10.81	25.3
25k,0 de foin	2.50	10.81	21.3
Différence . . . . . . +	0.53	0.00 +	4.0

Le rapport $\dfrac{\text{matières azotées}}{\text{matières non azotées}} = \dfrac{1}{4.07}$ dans le premier cas, et $\dfrac{1}{4.32}$ dans le second.

Le rapport $\dfrac{\text{matières azotées} + \text{matières non azotées}}{\text{substance sèche}}$ $= \dfrac{1}{1.8}$ dans le premier cas, et $\dfrac{1}{1.8}$ dans le second.

Un calcul du même genre servira à établir toutes les rations des animaux de la ferme.

Rien n'est donc plus simple que de calculer une ration ; plus on veut introduire de fourrages divers, plus le calcul se complique ; mais il est toujours très-facile de n'avoir pas plus de deux ou trois substances à mélanger ; il est de principe de faire consommer d'abord les plus altérables.

IV.

VALEUR NUTRITIVE COMPARÉE DES FOURRAGES.

Les fourrages présentent deux valeurs absolument distinctes :

1° La valeur nutritive ;

2° La valeur en argent.

Il ne faut jamais perdre de vue le but économique d'une exploitation ; il ne s'agit pas, dans une ferme, d'expériences physiologiques ; ce qu'il faut, c'est adopter des pratiques rationnelles et économiques.

Il y a donc une extrême importance pour le cultivateur à comparer entre eux les fourrages au point de vue de leur richesse respective en *principes nutritifs* et à établir la valeur *argent* de chacun de ces principes dans les divers fourrages. L'*équivalence* parfaite des fourrages ne peut être fixée qu'à l'aide de ces deux données. — Deux fourrages *équivalents* sont ceux qui permettent d'obtenir également vite, au même prix, des résultats égaux en chair, graisse, lait, laine ou travail. La *richesse* en principes nutritifs et la *valeur* nutritive ne sont pas des expressions synonymes.

L'analyse nous fait connaître la richesse d'un fourrage en principes nutritifs, l'expérimentation seule nous renseigne sur sa valeur nutritive. C'est le plus ou moins de digestibilité des principes nutritifs qui constitue la différence entre ces deux termes.

La *digestibilité* est la propriété des substances alimentaires d'être transformées en chyle dans l'estomac et dans l'intestin et de passer à cet état dans le sang.

Il y a des aliments plus ou moins digestibles, et, à ce sujet, il règne bien des préjugés, bien des idées fausses.

Les pommes de terre, par exemple, sont regardées comme très-digestibles, parce qu'elles se réduisent facilement en pâte dans l'estomac ; mais cette transformation en pâte liquide n'emporte pas l'assimilation par l'organisme de toutes les matières liquéfiées ; ainsi l'on retrouve de la fécule non digérée dans tout le tube intestinal et jusque dans les matières fécales.

Il est très-difficile de déterminer *à priori* la digestibilité des principes nutritifs, parce que la digestion n'est pas une simple dissolution, c'est une transformation des aliments. La digestibilité est importante à connaître, et doit être déterminée pour chaque espèce animale, car l'action des sucs gastriques et intestinaux subit avec les espèces, les races, les individus, des variations notables ; certains animaux assimilent une plus forte proportion d'un même aliment que d'autres. Quand on s'occupe d'êtres vivants, il faut toujours expérimenter, et l'on s'exposerait à de graves mécomptes en appliquant aveuglément des principes qui ne peuvent avoir rien d'absolu. Les rations basées sur la composition chimique sont un .point de départ, un guide, mais il faut les modifier suivant les cas ; en physiologie, rien ne peut dispenser de l'expérimentation et du raisonnement.

Au point de vue de la digestibilité des aliments, il y a à considérer :

1° La constitution physique de l'aliment ;

2° La nature des principes nutritifs ;

3° Leur quantité.

1° *État physique.* — La dessiccation, la compacité, la divisibilité, la cohésion, la faculté de s'humecter, de se ramollir, influent notablement. Ces caractères servent dans la vie ordinaire à estimer, à l'œil, la digestibilité.

Ainsi les aliments très-cohérents, solides, durs, secs, formant empois après l'humectation, se prenant en masse, sont peu digestibles.

Les aliments mous, tendres, divisibles, aqueux, liquéfiables, sont plus digestibles.

Ceci est également vrai pour les aliments végétaux et animaux.

Conséquences :

Le même aliment, contenant même quantité de principes nutritifs, peut être digestible ou peu digestible suivant son état physique ; ainsi les jeunes plantes tendres se digèrent mieux que les vieilles ; la farine de grains broyés est plus digestible que les grains eux-mêmes ; le pain frais, qui se prend en masse dans l'estomac, est moins assimilable que le pain rassis ; les pommes de terre coupées en tranches sont peu digestibles quand on les laisse sécher, parce qu'elles se durcissent à l'air. Un œuf ou la viande peu cuite se digèrent mieux, parce que l'albumine se coagule et durcit par l'action de la chaleur. Plus prompte est la transformation en liquide dans l'estomac, et plus digestible est l'aliment.

2° *Nature des principes nutritifs.* — On sait aujourd'hui que les *matières amylacées* (fécule, amidon) ne sont assimilées qu'après leur transformation en dextrine ou en glucose sous l'action des sucs acides du tube digestif ; or, cette transformation ne peut avoir lieu que si l'enveloppe azotée du grain de fécule se rompt ; aussi recommande-t-on avec raison l'emploi des chaudières autoclaves pour la cuisson des féculents ; l'action de la chaleur, jointe à celle de la pression, rompt l'enveloppe du grain de fécule et met celle-ci en contact direct avec les sucs de l'estomac. L'ordre de digestibilité des matières non azotées est le suivant :

1° Sucre de glucose ;

2° Amidon (qui se transforme en sucre) ;

3° Cellulose (dont la transformation est plus lente).

La fécule transformée en dextrine passe très-facilement à l'état de sucre : elle est très-digestible (malt, drêche).

La cellulose du foin est plus digestible que celle de la paille, peut-être parce qu'elle contient moins de silice.

L'amidon (céréales) se digère mieux que la fécule (pommes de terre).

La *graisse* et les *corps gras* ne subissent aucune transformation ; on a été longtemps sans savoir comment ils étaient assimilés. Cl. Bernard, dans ses belles recherches sur le pancréas, a montré que le fluide sécrété par cette glande produit subitement l'émulsion de la graisse, c'est-à-dire sa division en globules très-fins nageant dans le liquide. Ce n'est pas une dissolution, le liquide reste cependant homogène ; cela est dû à ce que les globules gras sont d'une extrême ténuité. La matière grasse ainsi émulsionnée passe dans le torrent circulatoire ; elle est très-digestible quand on l'introduit en faible quantité et très-divisée dans les aliments ; mais en grande quantité elle est peu digestible, car elle reste solide jusqu'à 50° ou 60° et la température de l'estomac ne s'élève qu'à 38° ; si l'on en donne beaucoup à la fois, elle séjourne longtemps dans l'estomac, s'y solidifie en se refroidissant, et non-seulement elle n'est pas assimilée, mais amène des troubles dans la digestion.

Les *matières protéiques, albumine,* etc., pour être absorbées, doivent préalablement être transformées en albumine soluble. Cette transformation s'effectue d'autant plus rapidement que les matières albuminoïdes sont offertes à l'animal à l'état fluide. Toutes sont peu digestibles lorsqu'elles deviennent *coagulées, dures* ou *sèches.* Tous les produits albuminoïdes sont moins digestibles cuits que crus.

Par ordre de digestibilité, on peut les ranger ainsi :

Albumine (blanc d'œuf) ;

Fibrine, gluten ;

Caséine ;

Légumine, qui est le plus indigeste des aliments azotés.

Toutes les matières albuminoïdes se coagulent par la chaleur; cette coagulation a lieu aussi dans l'estomac; elles se redissolvent plus ou moins facilement; de là, leur plus ou moins grande digestibilité. Ce sont tantôt les albuminoïdes animaux, tantôt les albuminoïdes végétaux qui sont le plus facilement digérés; cela dépend des individus.

3° *Quantité des principes nutritifs.* — Les quantités respectives de ces divers principes nutritifs modifient également la digestibilité, mais il est difficile d'obtenir à cet égard des renseignements précis. Voici seulement ce que l'on sait.

Cellulose. — Sa digestibilité est diminuée par la présence ou par l'addition de substances très-digestibles, comme le sucre, l'amidon, la graisse. Haubner a montré que, chez le mouton nourri d'aliments très-digestibles, la digestibilité de la cellulose s'abaissait de 80 p. 100 à 10 p. 100.

Fécule. — Il est démontré qu'une certaine quantité de matières protéiques est nécessaire pour la digestion de la fécule. En leur absence, elle passe non assimilée dans les excréments. (Haubner.)

Matières grasses. — Leur digestibilité est diminuée dans le fourrage par une addition croissante de gluten ou de dextrine.

Matières protéiques. — On sait peu de chose sur leur digestibilité; ce qu'il y a de certain, c'est que les matières minérales, le sel surtout, influent sur leur assimilation.

Les tableaux VII et VIII présentent le résumé fidèle de nos connaissances actuelles sur la digestibilité des fourrages les plus importants. Ils peuvent utilement servir de guides dans l'établissement des rations alimentaires et dans le calcul des quantités de fumier produites par les différents animaux de la ferme.

Les aliments se partagent dans le corps des animaux en trois parties :

L'une digérée et assimilée ;

L'autre digérée et non assimilée ;

La troisième non digérée et rejetée sans modifications.

De la combinaison de ces trois conditions dépend ce qu'on nomme l'*utilisation* du fourrage. On a voulu par ce mot nouveau désigner la partie digérée et assimilée ; mais je pense avec Haubner que ce mot nouveau est inutile et qu'on peut se contenter du mot *digestion,* indiquant à la fois digestion et assimilation.

On doit, au point de vue économique, rechercher les aliments très-digestibles. Il y a ainsi économie de temps, production plus rapide de chair, de lait, etc.

Il faut éviter de passer brusquement d'une alimentation très-digestible à une alimentation qui l'est moins.

Il faut rejeter autant que possible les aliments peu digestibles.

Mais n'oublions pas qu'il n'y a rien d'absolu dans ce qui précède, et que la science ne dispense pas d'observation et moins encore de bon sens.

Telles sont en résumé les règles fondamentales sur lesquelles s'appuient le choix et le calcul des rations alimentaires. J'aurai atteint mon but si j'ai fourni à quelques agriculteurs le moyen d'introduire dans leurs étables et dans leurs écuries le rationnement logique des auxiliaires si précieux de nos exploitations rurales.

TABLEAU V.

Composition centésimale des fourrages verts.

NATURE DES FOURRAGES.	Eau.	Matières azotées.	Matières grasses brutes.	Principes extractifs non azotés.	Matières non azotées et matières grasses.	Cellulose brute.	Cendres.	Matières azotées : matières non azotées :: I :
Fourrages verts.								
Herbe de prairie.	78.35	5.24	0.96	9.66	10.62	3.72	2.07	2.0
Herbe avant la floraison .	75.0	3.0	0.8	12.1	12.9	7.0	2.1	4.3
Herbe à la fin de la floraison.	69.0	2.5	0.7	14.3	15.0	11.5	2.0	6.0
Seigle en vert	72.9	3.3	0.9	14.0	14.9	7.3	1.6	4.5
Avoine au commencement de la floraison	81.0	2.3	0.5	8.3	8.8	6.5	1.4	3.8
Maïs-fourrage	85.01	1.85	0.56	7.18	7.74	4.39	1.01	4.1
Moha en fleur	76.50	5.36	0.80	8.41	9.21	6.49	2.44	1.7
Moha après la floraison. .	64.22	5.82	0.80	15.36	16.16	11.46	2.34	2.7
Sorgho	76.95	2.34	1.12	12.59	13.71	6.06	0.94	5.8
Mélange de fourrage (vesces et avoine).	84.44	2.49	0.46	5.31	5.77	5.50	1.80	2.3
Trèfle rouge en fleur. . .	82.83	3.36	0.75	7.46	8.21	4.11	1.49	2.4
Trèfle en pleine floraison.	80.41	2.91	0.63	9.19	9.82	5.62	1.33	3.3
Luzerne encore jeune . .	81.0	4.5	0.6	7.2	7.8	5.0	1.7	1.7
Luzerne en fleur.	74.0	4.5	0.7	6.3	7.0	12.5	2.0	1.5
Esparcette en fleur. . . .	80.0	3.2	0.6	8.2	8.8	6.5	1.5	2.7
Trèfle incarnat en fleur. .	81.5	2.7	0.6	6.1	6.7	7.5	1.6	2.4
Trèfle des prés en fleur. .	80.0	3.5	0.8	8.2	9.0	6.0	1.5	2.5
Mélilot officinal en fleur .	87.5	2.9	0.4	3.5	3.9	3.6	2.1	1.3
Luzerne jaune au commencement de la floraison. .	78.0	4.0	0.8	5.8	6.6	9.5	1.9	1.6
Trèfle de Suède au commencement de la floraison.	85.0	3.3	0.6	5.1	5.7	4.5	1.5	1.7
Trèfle de Suède en pleine floraison	82.0	3.3	0.6	5.7	6.3	6.6	1.8	1.8
Trèfle blanc en fleur. . .	80.5	3.5	0.8	7.2	8.0	6.0	2.0	2.2
Vulnéraire en fleur . . .	82.61	2.59	0.54	8.28	8.82	4.80	1.19	3.4
Vulnéraire après la floraison.	76.21	2.40	0.60	11.89	12.49	7.60	1.30	5.2
Trèfle Bockhara.	77.06	5.67	1.29	9.76	11.05	3.25	2.97	4.1
Serradelle en fleur	80.0	3.6	0.4	6.6	7.0	8.1	1.3	1.9
Lupin avant la floraison.	87.6	2.5	0.2	6.4	6.6	2.2	1.1	2.6
Lupin à demi-maturité. .	83.9	2.8	0.2	7.1	7.3	4.8	1.2	2.6
Fève au commencement de la floraison	87.3	2.8	0.3	5.1	5.4	3.5	1.0	1.9

NATURE DES FOURRAGES.	Eau.	Matières azotées.	Matières grasses brutes.	Principes extractifs non azotés.	Matières non azotées et matières grasses.	Cellulose brute.	Cendres.	Matières azotées : matières non azotées :: 1 :
Vesce fourragère en fleur.	82.0	3.1	0.6	7.0	7.6	5.5	1.8	2.4
Pois en fleur.	81.5	3.2	0.6	7.6	8.2	5.6	1.5	2.5
Sarrasin.	85.86	2.5	0.66	5.83	6.49	4.36	1.24	3.1
Spergule en fleur. . . .	80.0	2.3	0.7	9.7	10.4	5.3	2.0	4.5
Asperge géante	85.0	1.52	0.77	7.44	8.21	3.57	1.72	5.4
Chardon-fourrage . . .	86.68	2.91	0.95	6.8	7.03	1.42	1.96	2.4
Genêt pour fourrage. .	51,5	4.5	2.0	9.0	11.0	29.0	4.0	2.4
Betteraves fourragères. .	88.59	2.26	0.48	4.87	5.30	1.64	2.21	2.3
Carottes fourragères. .	79.35	3.51	1.0	9.46	10.46	3.23	3.45	2.9
Choux blancs	89.0	1.5	0.4	5.9	6.3	2.0	1.2	4.2
Tiges de choux	82.0	1.1	0.3	11.9	12.2	2.8	1.9	11.0
Choux pour bétail, sans tiges	79.8	2.5	1.0	12.9	13.9	1.8	2.0	5.5
Choux pour fourrage. .	89.6	1.7	0.4	5.0	5.4	2.0	1.3	3.1
Feuilles de choux-raves .	85.0	2.8	0.8	8.2	9.0	1.4	1.8	3.2
Fanes de pommes de terre.	11.07	9.39	2.41	34.63	37.04	31.08	11.42	3.2
Fanes de topinambours. .	67.66	3.15	0.82	17.81	16.63	5.70	4.86	5.9
Feuillage	55.0	5.47	1.50	27.83	29.33	7.45	2.75	5.3
Œillet des chartreux . .	12.44	15.32	3.45	46.34	49.79	12.08	10.87	3.2
Ortie	11.42	18.34	7.73	37.84	45.57	10.64	14.03	2.4
Bruyère (toute la plante).	45.06	3.40	7.82	22.64	30.46	18.60	2.48	8.9
Bruyère (extrémité verte).	46.65	4.21	9.11	23.36	32.47	14.69	1.98	7.7
Foins.								
Foin de prairie	14.59	10.11	2.34	40.90	43.24	25.52	6.54	4.2
Regain	13.92	12.62	3.64	39.21	42.85	22.03	8.68	3.3
Foin de ray-grass . . .	11.23	8.0	2.80	44.58	47.38	25.45	7.95	5.9
Foin de Thimoty-grass. .	14.3	9.7	3.0	45.8	48.8	22.7	4.5	5.0
Foin de moha	12.05	9.37	2.23	38.41	40.64	31.55	6.30	4.3
Foin de brome de Schrader	14.30	9.68	2.22	41.61	43.83	22.81	9.38	4.5
Foin de seigle	14.30	10.4	2.8	44.3	47.1	23.1	5.1	4.5
Foin de vesce et avoine .	16.7	15.2	3.0	23.9	26.9	35.1	6.1	1.7
Foin de trèfle rouge . .	18.38	12.97	2.18	36.16	38.34	24.45	5.86	2.9
Foin de luzerne	15.07	14.76	3.02	34.65	37.67	24.08	8.42	2.5
Foin d'esparcette . . .	14.26	14.85	2.50	35.77	38.27	26.42	6.20	2.5
Foin de trèfle incarnat. .	16.07	12.57	3.0	30.26	33.26	31.20	6.90	2.6
Foin de trèfle blanc . .	13.61	15.97	3.50	35.56	39.06	22.41	8.95	2.4
Foin de trèfle de Suède .	15.88	14.88	3.30	29.71	33.01	30.15	6.08	2.2
Foin de vulnéraire. . .	15.14	9.66	2.37	38.43	40.80	28.38	6.02	4.2
Foin de trèfle des prés. .	13.79	16.51	3.30	33.55	36.85	25.56	7.29	2.2
Foin de trèfle Bockhara .	13.52	15.84	2.89	26.85	29.74	32.56	8.34	1.5
Foin de luzerne jaune . .	16.7	15.2	3.0	23.9	26.9	35.1	6.1	1.7
Foin de serradelle. . .	15.0	15.20	1.50	29.10	30.60	32.15	7.05	2.0
Foin de lupin jaune . .	18.54	13.39	1.79	29.60	31.39	30.89	5.79	2.3

NATURE DES FOURRAGES.	Eau.	Matières azotées.	Matières grasses brutes.	Principes extractifs non azotés.	Matières non azotées et matières grasses.	Cellulose-brute.	Cendres.	Matières azotées : matières non azotées :: 1 :
Foin de vesce fourragère.	14.90	17.60	2.30	29.75	32.05	26.45	9.0	1.8
Foin de pois.	16.7	14.3	2.6	34.2	36.8	25.2	7.0	2.5
Foin de spergule.	14.0	11.78	2.67	34.15	36.82	27.70	9.70	3.1
Pailles.								
Paille de blé.	13.55	3.03	1.10	40.90	42.00	37.48	3.94	13.8
Paille d'épeautre d'hiver.	14.3	2.0	1.4	26.3	27.7	50.0	6.0	13.8
Paille de seigle.	13.0	3.61	1.35	33.42	34.77	44.65	3.97	9.6
Paille d'avoine	13.63	4.55	1.64	36.95	38.59	37.97	5.26	8.4
Paille d'orge.	13.31	3.57	1.90	32.07	33.97	42.00	7.15	9.5
Paille de maïs.	14.0	3.0	1.1	37.9	39.0	40.0	4.0	13.0
Paille de pois	14.28	7.56	2.17	29.39	31.56	42.47	4.13	4.1
Paille de fèves.	17.82	12.01	1.31	31.80	33.11	30.67	6.39	3.1
Paille de vesces	13.40	6.98	2.00	28.12	30.12	42.60	6.90	4.3
Paille de lentilles	14.3	14.0	2.0	26.6	28.6	36.6	6.5	2.0
Paille de lupin.	14.20	5.43	1.28	33.68	34.96	41.73	3.68	6.4
Paille de colza.	19.0	2.7	1.0	31.3	32.3	40.0	6.0	11.9
Balles.								
Balles de blé.	12.15	5.10	1.40	40.56	41.96	31.32	9.47	8.2
Balles d'épeautre.	14.3	2.9	1.3	31.5	32.8	41.5	8.5	1.1
Balles de seigle	14.3	3.5	1.2	27.0	28.2	46.5	7.5	8.0
Balles d'avoine	13.62	4.90	1.43	37.40	38.83	31.67	10.98	7.9
Balles d'orge.	14.17	3.07	1.50	38.53	40.03	30.33	12.40	13.0
Balles de pois	13.25	11.95	3.35	33.95	37.30	28.70	8.80	3.1
Balles de fèves.	13.75	10.90	2.00	27.95	29.95	37.25	8.15	2.7
Balles de vesces	14.22	10.22	2.00	29.41	31.41	35.80	8.35	3.0
Balles de lupin (épis).	11.70	9.74	0.75	48.41	49.16	26.49	2.91	5.0
Balles de lupin (tiges) .	11.12	5.62	0.68	45.46	46.14	32.07	5.05	8.2
Balles de lupin (feuilles).	10.65	18.08	2.55	39.30	41.85	21.00	8.42	2.3
Balles de semence de trèfle blanc.	11.41	18.35	3.09	36.83	39.92	22.42	7.90	2.1
Balles de colza.	11.74	4.29	1.58	38.86	40.44	36.75	6.78	9.4
Racines.								
Pommes de terre.	74.61	2.17	0.15	21.23	21.38	0.73	1.12	9.8
Topinambours.	80.88	1.92	0.21	15.03	15.24	0.90	1.06	7.9
Betteraves à sucre.	82.25	0.98	0.10	14.47	14.57	1.34	0.86	14.8
Betteraves fourragères.	86.64	1.19	0.10	10.02	10.12	1.08	0.97	8.5
Carottes.	84.37	1.28	0.24	11.38	11.62	1.62	1.11	9.0
Choux-raves.	88.41	1.15	0.10	8.46	8.56	1.10	0.78	7.4
Carottes géantes.	86.31	0.83	0.23	10.18	10.41	1.43	1.02	12.5
Betteraves d'Oberndorf.	91.45	0.62	0.17	6.40	6.57	0.56	0.80	10.5
Navet d'août.	91.5	0.8	0.1	5.8	5.9	1.0	0.8	7.3
Turneps.	92.0	1.1	0.1	5.0	5.1	1.0	0.8	4.6

NATURE DES FOURRAGES.	Eau.	Matières azotées.	Matières grasses brutes.	Principes extractifs non azotés.	Matières non azotées et matières grasses.	Cellulose brute.	Cendres.	Matières azotées : matières non azotées :: 1 :
Panais.	88.3	1.6	0.2	8.2	8.4	1.0	0.7	5.2
Citrouille	92.5	1.3	0.1	4.1	4.2	1.0	1.0	3.2
Grains et graines.								
Froment.	13.16	12.66	1.55	68.85	70.40	2.09	1.69	5.5
Épeautre (avec sa glume).	14.8	10.0	1.5	53.3	54.8	10.5	3.9	5.4
Épeautre (sans glume) . .	14.5	13.5	1.6	66.8	68.4	1.5	2.1	5.0
Seigle.	14.94	13.31	1.96	65.16	67.12	2.71	1.92	5.0
Avoine	12.52	12.66	6.09	54.30	60.39	11.01	3.42	4.7
Orge	13.07	12.09	2.09	64.97	67.06	5.14	2.64	5.5
Maïs.	12.38	9.94	5.56	65.43	70.99	4.22	2.47	7.1
Riz	12.54	8.38	1.76	72.47	74.23	2.67	2.18	8.8
Millet	14.0	14.5	3.0	59.1	62.1	6.4	3.0	4.2
Brome.	14.12	8.89	2.12	63.36	65.48	7.21	4.80	7.3
Sarrasin.	12.77	10.06	1.86	59.48	61.34	13.69	2.14	6.1
Pois	13.92	22.72	2.01	54.27	56.28	4.51	2.57	2.4
Féveroles	16.16	24.88	1.67	47.16	48.83	6.85	3.28	1.9
Fèves de jardin	14.8	26.3	2.2	49.5	51.7	3.7	3.5	1.9
Lentilles.	12.68	23.97	2.41	53.65	56.06	4.55	2.74	2.3
Lupin jaune.	12.61	35.32	4.97	29.17	34.14	14.15	3.78	0.9
Lupin bleu	13.75	21.29	4.63	44.91	49.54	12.39	3.03	2.3
Vesces.	13.82	27.97	3.00	44.93	47.93	6.74	3.54	1.7
Serradelle	8.86	21.95	7.34	37.49	44.83	21.11	3.25	2.0
Glands décortiqués. . . .	23.96	4.84	3.60	61.52	65.12	4.23	1.85	13.4
Glands non décortiqués .	38.47	3.27	2.66	43.97	46.63	10.17	1.46	14.2
Châtaignes décortiquées .	48.98	3.13	2.12	43.17	45.29	0.80	1.80	14.4
Châtaignes non décortiquées.	48.98	6.28	1.54	39.59	41.13	.02	1.59	6.5
Lin	12.15	22.36	33.13	22.42	55.55	5.68	4.26	2.9
Colza	11.0	19.4	40.0	15.4	55.4	10.3	3.9	2.8
Chanvre.	12.2	16.3	33.6	21.6	55.2	12.1	4.2	3.3
Pavot	14.7	17.5	41.0	13.7	54.7	6.1	7.0	3.1
Madia.	8.4	22.9	41.0	5.0	46.0	18.0	4.7	2.0
Cameline	8.4	23.5	30.0	19.8	49.8	11.5	6.8	2.1
Sésame	4.5	18.9	37.0	19.2	56.2	11.7	8.7	2.9
Graine de coton	8.28	22.78	29.82	11.49	41.31	20.34	7.29	1.8
Palme.	7.63	8.44	49.19	26.88	76.07	6.02	1.84	9.0
Fèves de Chine	6.91	38.29	18.71	26.20	44.91	5.33	4.56	1.1
Déchets industriels.								
De la fabrication des farines.								
Fleurage de blé	13.94	15.23	2.62	64.96	67.56	1.40	1.37	4.4
Farine pour bétail	11.54	13.88	3.28	63.48	66.76	4.79	3.03	4.8
Farine d'orge pour bétail.	12.52	10.80	3.55	55.2	58.80	11.66	6.22	5.4

NATURE DES FOURRAGES.	Eau.	Matières azotées.	Matières grasses brutes.	Principes extractifs non azotés.	Matières non azotées et matières grasses.	Cellulose brute.	Cendres.	Matières azotées : matières non azotées :: I :
Déchets de gruau.	12.11	11.08	3.53	50.69	54.22	15.67	6.92	4.8
Farine de riz	9.94	10.89	9.89	47.58	57.47	11.09	10.61	5.2
Sons de seigle	11.61	14.69	3.44	59.97	63.41	5.73	4.56	4.3
Sons de froment	12.80	13.82	3.59	55.91	59.50	8.65	5.23	4.3
Sons de gruau.	10.71	14.04	4.27	58.93	63.20	8.03	4.02	4.5
Sons d'épeautre	12.61	15.12	4.19	53.40	57.59	9.03	5.66	3.8
Sons de sarrasin	16.00	16.74	4.29	45.27	49.56	14.33	3.37	2.9
Sons de pois.	12.98	7.14	1.04	28.59	29.63	47.60	2.65	4.1
Déchets de distillerie et de brasserie.								
Germes de malterie . . .	10.09	24.18	2.10	42.11	44.21	14.33	7.19	1.8
Drêches.	77.65	4.62	1.53	10.28	11.81	4.77	1.15	2.5
Vinasses de seigle	92.16	1.64	0.34	4.30	4.64	1.17	0.39	2.8
Vinasses de pommes de terre.	95.03	1.28	0.18	2.17	2.35	0.85	0.49	1.8
Vinasses de levûre . . . :	96.74	0.73	2.08		2.08	0.32	0.13	2.8
Vinasses de maïs.	90.61	1.98	1.04	4.95	5.99	0.99	0.43	3.0
Vinasses de mélasse . . .	91.86	2.04	—	4.56	4.56	—	1.54	2.2
Résidus de féculerie et d'amidonnerie.								
Fibre de pommes de terre.	85. 5	1.0	—	11.9	11.9	1.1	0.5	11.9
Pulpes de pommes de terre	86.11	0.68	0.12	10.94	11.06	1.95	0.20	16.2
Résidus.	94.79	0.36	0.03	4.24	4.27	0.42	0.16	11.8
Vinasses de blé	89.20	1.38	0.57	8.30	8.87	0.33	0.22	6.4
Vinasses de riz, demi-sèches	48.29	9.69	2.40	38.54	40.94	0.55	0.53	4.2
Résidus de maïs, demi-secs.	14.87	14.25	0.48	68.79	69.27	0.98	0.63	4.8
Drêches de blé.	74.02	4.35	2.20	15.43	17.63	3.38	0.62	4.0
Déchets de sucrerie.								
Mélasse de betteraves . .	18.33	8.67	—	63.03	63.03	—	9.97	7.2
Résidus de betteraves pressées	71.77	1.91	0.42	17.24	17.66	5.59	3.07	9.2
Résidus de betteraves (procédé centrifuge). . . .	82.0	1.0	0.1	12.1	12.2	3.6	1.2	12.2
Résidus de diffusion (frais)	92.86	0 59	0.08	4.01	4.19	1.71	0.75	7.1
Résidus de diffusion (pressés).	88.08	0.97	0.12	7.19	7.31	2.33	1.31	7.5
Râpure de betteraves. . .	82.91	1.28	0.11	10.42	10.53	3.98	1.30	8.2
Résidus d'huileries.								
Tourteaux de lin.	12.19	29.48	9.88	29.91	39.79	9.69	8.85	1.3
Farine de lin	12.0	32.72	2.27	38.57	40.84	7.28	7.16	1.2

NATURE DES FOURRAGES.	Eau.	Matières azotées.	Matières grasses brutes.	Principes extractifs non azotés.	Matières non azotées et matières grasses.	Cellulose brute.	Cendres.	Matières azotées : matières non azotées :: I :
Tourteaux de colza . . .	11.34	31.59	9.66	29.36	39.02	11.00	7.05	1.2
Farine de colza	8.51	33.14	2.95	34.10	37.05	13.41	7.89	1.1
Tourteaux de navette . .	12.43	28.31	10.95	24.25	35.20	16.79	7.27	1.2
Farine de navette	7.20	36.80	2.40	26.90	29.30	18.10	8.60	0.7
Tourteaux de chènevis. .	9.91	29.84	6.48	21.26	27.74	24.70	7.81	0.9
Tourteaux de cameline. .	11.77	33.10	9.21	27.65	36.86	11.59	6.68	11.1
Tourteaux de pavots. . .	11.45	31.91	8.17	25.89	34.06	11.53	11.05	1.0
Tourteaux de sésame blanc	12.45	36.57	11.86	21.12	32.98	8.12	9.88	0.9
Tourteaux de sésame noir.	10.51	33.19	.8.24	23.32	31.56	18.35	6.49	0.9
Tourteaux de palme . . .	10.53	16.89	11.99	38.96	50.95	17.39	4.24	3.0
Farine de palme	10.47	18.43	3.22	43.74	46.96	20.15	3.99	2.5
Tourteaux de faînes non décortiquées	16.10	18.15	8.34	28.39	36.73	23.89	5.13	2.0
Tourteaux de faînes décortiquées	12.5	37.1	7.5	29.7	37.2	5.5	7.7	1.0
Tourteaux d'arachide non décortiquée.	9.86	30.96	8.85	20.67	29.52	22.73	6.93	0.9
Tourteaux d'arachide décortiquée.	10.61	44.35	5.66	28.30	33.96	5.41	5.64	0.7
Tourteaux de graine de coton non décortiquée. .	11.28	23.63	6.14	30.42	36.56	22.14	6.39	1.5
Tourteaux de graine de coton décortiquée	11.23	38.77	13.78	19.42	33.15	9.25	7.60	0.8
Tourteaux de coco. . . .	9.39	20.24	15.65	35.27	50.92	14.21	5.24	2.5
Tourteaux de madia . . .	11.2	28.1	13.3	17.9	31.2	22.8	6.7	1.1
Tourteaux de noix de palme	11.47	33.12	4.06	23.47	27.53	19.56	8.32	0.8
Tourteaux du cirier . . .	7.22	54.38	9.15	15.61	24.76	4.58	9.06	0.4
Tourteaux d'élianthème .	10.00	36.55	10.50	23.97	34.47	9.25	9.73	0.9
Tourteaux de germes de maïs	10.75	13.49	10.81	50.22	61.03	8.58	6.15	4.5
Tourteaux d'olives. . . .	13.76	6.02	13.16	26.95	40.11	33.35	6.76	6.6
Tourteaux de cacao . . .	11.19	17.83	12.17	32.88	45.05	18.30	7.63	2.5
Tourteaux d'amandes. . .	9.69	41.28	15.15	20.63	35.78	8.94	4.31	0.8
Tourteaux de fèves de Chine.	12.82	45.93	5.32	24.52	29.84	5.71	5.70	0.6
Laits et déchets de laiterie.								
Lait de vache	88.00	3.20	4.00	4.00	8.00	—	0.80	2.5
Lait de chèvre	88.00	3.40	3.30	4.30	7.30	—	1.00	2.1
Lait écrémé	90.35	3.42	0.76	4.73	5.49	—	0.74	1.6
Lait de beurre.	90.1	3.4	1.0	5.0	6.00	—	0.5	1.7
Petit lait.	92.64	1.02	0.61	5.04	5.65	—	0.69	5.5
Crème.	61.99	2.69	31.84	2.91	34.75	—	0.57	12.9

TABLEAU VI.

Composition centésimale de la substance sèche des fourrages.

NATURE DES FOURRAGES.	Taux de la substance sèche.	COMPOSITION CENTÉSIMALE de la substance sèche.						Matières azotées : matières non azotées :: I :
		Matières azotées.	Matières grasses.	Matières extractives non azotées.	Matières non azotées et matières grasses.	Cellulose brute.	Cendres.	
Fourrages verts.								
Herbe de prairie.	21.65	24.31	4.44	44.30	48.74	17.39	9.56	2.0
Herbe avant la floraison. .	25.0	12.0	3.20	48.40	51.60	28.00	8.40	4.3
Herbe à la fin de la floraison	31.0	8.06	2.26	46.05	48.31	37.08	6.45	6.0
Seigle en vert	27.1	12.17	3.32	51.68	55.00	26.93	5.90	4.5
Avoine au commencement de la floraison . . .	19.0	12.09	2.65	43.65	46.30	34.19	7.36	3.8
Maïs-fourrage	14.99	12.34	3.73	47.92	51.65	29.28	6.73	4.1
Moha en fleur.	23.50	22.78	3.40	35.87	39.27	27.58	10.37	1.7
Moha après la floraison. .	35.78	16.23	2.23	43.04	45.27	31.97	6.53	2.7
Sorgho.	23.05	10.15	4.86	54.62	59.48	26.30	4.07	5.8
Mélange de fourrage (vesces et avoine).	15.56	15.72	2.95	34.47	37.42	35.31	11.55	2.3
Trèfle rouge en fleur . . .	17.17	19.56	4.35	43.50	47.85	23.92	8.67	2.4
Trèfle rouge en pleine floraison.	19.59	15.55	2.85	45.02	47.87	29.53	7.05	3.3
Luzerne encore jeune . .	19.0	23.67	3.15	37.94	41.09	26.30	8.94	1.7
Luzerne en fleur.	26.0	17.32	2.69	24.17	26.76	48.12	7.70	1.5
Esparcette en fleur. . . .	20.0	16.00	3.00	41.00	44.00	32.50	7.50	2.7
Trèfle incarnat en fleur. .	18.5	14.58	3.24	33.04	36.28	40.50	8.64	2.4
Trèfle des prés en fleur. .	20.0	17.50	4.00	41.00	45.00	30.00	7.50	2.5
Mélilot officinal.	12.5	23.20	3.20	28.00	31.20	28.80	16.80	1:3
Luzerne jaune au commencement de la floraison. .	22.0	18.16	3.63	25.46	30.09	43.13	8.62	1.6
Trèfle de Suède au commencement de la floraison.	15.0	21.97	3.99	34.08	38.07	29.97	9.99	1.7
Trèfle de Suède en pleine floraison	18.0	18.31	3.33	31.74	35.07	36.63	9.99	1.8
Vulnéraire en fleur. . . .	17.39	14.89	3.10	47.57	50.67	27.60	6.84	3.4
Vulnéraire après la floraison.	23.79	10.08	2.52	50.02	52.54	31.92	5.46	5.2
Trèfle Bockhara en fleur .	22.94	24.72	5.61	42.56	48.17	14.17	12.94	4.1
Serradelle en fleur	20.0	18.50	2.00	33.00	35.00	40.50	6.50	1.9
Lupin avant la floraison .	12.4	20.15	1.61	51.65	53.26	17.73	8.86	2.6
Lupin à demi-maturité . .	16.1	17.38	1.24	44.13	45.37	29.80	7.45	2.6
Fève au commencement de la floraison	12.7	22.03	2.36	40.20	42.56	27.54	8.78	1.9

NATURE DES FOURRAGES.	Taux de la substance sèche.	COMPOSITION CENTÉSIMALE de la substance sèche.						Matières azotées : matières non azotées :: 1 :
		Matières azotées.	Matières grasses.	Matières extractives non azotées.	Matières non azotées et matières grasses.	Cellulose brute.	Cendres.	
Pois en fleur.	18.0	17.20	3.33	38.96	42.29	30.52	9.99	2.5
Vesce fourragère en fleur.	18.5	17.28	3.24	41.14	44.38	30.24	8.10	2.4
Sarrasin.	14.14	14.49	4.66	41.20	45.86	30.89	8.76	4.1
Spergule en fleur.	20.0	11.50	3.50	48.50	52.00	26.50	10.00	4.5
Asperge géante.	15.0	10.12	5.12	49.54	54.66	23.77	11.45	5.4
Chardon-fourrage	13.32	21.85	7.13	45.65	52.78	10.66	14.71	2.4
Genêt pour fourrage . . .	48.50	9.27	4.12	18.63	22.75	59.74	8.24	2.4
Betteraves fourragères . .	11.41	19.79	3.76	42.74	46.50	14.36	19.35	2.3
Carottes fourragères . . .	20.65	16.98	4.84	45.86	50.70	15.63	16.69	2.9
Choux blancs	11.0	13.65	3.64	53.59	57.23	18.20	10.92	4.2
Tiges de choux	18.0	6.10	1.66	66.16	67.82	15.54	10.54	11.0
Choux pour bétail, sans tiges	20.2	12.37	4.95	63.87	68.82	8.91	9.90	5.5
Choux pour fourrage. . .	10.4	16.33	3.84	48.12	51.96	19.22	12.49	3.1
Feuilles de choux-raves. .	15.0	18.64	5.32	54.74	60.06	9.32	11.98	3.2
Fanes de pommes de terre.	88.93	10.53	2.69	39.21	41.90	34.80	12.79	3.2
Fanes de topinambours. .	32.34	9.76	2.54	51.97	57.51	17.67	15.06	5.9
Feuillage	45.0	12.14	3.33	61.90	65.23	16.53	6.10	5.3
Œillet des chartreux . . .	87.56	17.46	3.93	53.02	56.95	13.77	11.82	3.2
Ortie	88.58	20.72	8.73	42.68	51.41	12.02	15.85	2.4
Bruyère (toute la plante) .	54.94	6.18	14.23	41.23	55.46	33.85	4.51	8.9
Bruyère (extrémité verte).	53.35	7.87	17.03	43.93	60.96	27.47	3.70	7.7

Foins.

NATURE DES FOURRAGES.	Taux de la substance sèche.	Matières azotées.	Matières grasses.	Matières extractives non azotées.	Matières non azotées et matières grasses.	Cellulose brute.	Cendres.	Matières azotées : matières non azotées :: 1 :
Foin de prairie	85.41	11.82	2.73	47.95	50.68	29.85	7.65	4.2
Regain.	86.03	14.63	4.22	45.54	49.76	25.55	10.06	3.3
Foin de ray-grass	88.77	9.00	3.15	50.28	53.43	28.63	8.94	5.9
Foin de Thimoty-grass . .	85.7	11.31	3.49	53.50	56.99	26.46	5.24	5.0
Foin de Moha	87.95	10.59	2.53	43.85	46.33	35.87	7.16	4.3
Foin de brome de Schrader.	85.70	11.28	2.58	48.51	51.09	26.59	10.95	4.5
Foin de seigle	85.70	12.12	3.26	51.75	55.01	26.93	5.94	4.5
Foin de vesce et avoine. .	83.3	18.24	3.60	28.72	32.32	42.12	7.32	1.7
Foin de trèfle rouge. . .	81.62	16.59	2.70	43.25	45.95	30.09	7.37	2.9
Foin de luzerne	84.93	17.85	3.55	40.89	44.44	28.31	9.90	2.5
Foin d'esparcette.	85.74	17.31	2.91	41.76	44.67	30.80	7.22	2.5
Foin de trèfle incarnat . .	83.93	14.95	3.57	36.15	39.72	37.12	8.21	2.6
Foin de trèfle blanc . . .	86.39	18.47	4.04	41.22	45.26	25.92	10.35	2.4
Foin de trèfle de Suède. .	84.12	17.67	3.92	35.38	39.30	35.81	7.22	2.2
Foin de vulnéraire. . . .	84.86	11.37	2.69	45.42	48.11	33.43	7.09	4.2
Foin de trèfle des prés . .	86.21	19.15	3.82	38.93	42.75	29.64	8.46	2.2
Foin de trèfle Bockhara . .	86.48	18.31	3.34	31.08	34.42	37.63	9.64	1.5
Foin de luzerne jaune . .	83.30	18.24	3.60	28.72	32.32	42.12	7.32	1.7
Foin de serradelle	85.0	17.87	1.76	34.28	36.04	37.80	8.29	2.0

NATURE DES FOURRAGES.	Taux de la substance sèche.	COMPOSITION CENTÉSIMALE de la substance sèche.					Matières azotées : matières non azotées :: I :
		Matières azotées.	Matières grasses.	Matières extractives non azotées.	Matières non azotées et matières grasses.	Cellulose-brute.	Cendres.	
Foin de lupin jaune . . .	81.46	16.42	2.19	36.39	38.58	37.90	7.10	2.3
Foin de vesce fourragère .	85.10	20.68	2.70	34.98	37.68	31.07	10.57	1.8
Foin de pois.	83.3	17.17	3.12	41.08	44.20	30.24	8.40	2.5
Foin de spergule.	86.0	13.66	3.09	39.87	42.96	32.13	11.25	3.1
Pailles.								
Paille de blé.	86.45	3.50	1.27	47.36	48.63	43.32	4.55	13.8
Paille d'épeautre d'hiver .	85.7	2.33	1.63	30.75	32.38	58.30	6.99	13.8
Paille de seigle.	87.0	4.15	1.55	38.39	39.94	51.34	4.56	9.6
Paille d'avoine.	86.39	5.26	1.89	42.84	44.73	43.93	6.08	8.4
Paille d'orge.	86.69	4.11	2.19	37.04	39.23	48.42	8.24	9.5
Paille de maïs	86.0	3.48	1.27	44.13	45.40	46.48	4.64	13.0
Paille de pois	85.72	8.81	2.54	34.33	36.87	49.51	4.81	4.1
Paille de féveroles	82.18	14.60	1.59	38.75	40.34	37.29	7.77	3.1
Paille de vesces.	86.60	8.06	2.31	32.47	34.78	49.20	7.96	4.3
Paille de lentilles.	85.7	16.32	2.33	31.11	33.44	42.67	7.57	2.0
Paille de lupin.	85.8	6.32	1.49	39.30	40.79	48.61	4.28	6.4
Paille de colza.	81.0	3.33	1.23	38.68	39.91	49.36	7.40	11.9
Balles.								
Balles de blé.	87.85	5.80	1.59	46.20	47.79	35.64	10.77	8.2
Balles d'épeautre.	85.7	3.38	1.51	36.83	38.34	48.38	9.90	1.1
Balles de seigle.	85.7	4.08	1.39	31.58	32.97	54.21	8.74	8.0
Balles d'avoine. ., ...	86.38	5.66	1.65	43.35	45.00	36.64	12.70	7.9
Balles d'orge.	85.83	3.57	1.74	44.92	46.66	35.33	14.44	13.0
Balles de pois	86.75	13.76	3.85	49.20	53.05	33.06	10.13	3.1
Balles de féveroles. . . .	86.25	12.64	2.32	32.38	34.70	43.21	9.45	2.7
Balles de vesces	85.78	11.90	2.33	34.35	36.68	41.70	9.72	3.0
Balles de lupin (épis). . .	88.30	11.02	0.84	54.87	55.71	29.98	3.29	5.0
Balles de lupin (tiges). . .	88.88	6.32	0.76	51.17	51.93	36.07	5.68	8.2
Balles de lupin (feuilles) .	89.35	20.24	2.85	43.96	56.81	23.52	9.43	2.3
Balles de semence de trèfle blanc.	83.59	20.69	3.48	41.64	55.12	25.28	8.91	2.1
Balles de colza.	88.26	4.86	1.79	44.04	45.83	41.63	7.68	9.4
Racines.								
Pommes de terre.	25.39	8.54	0.59	83.63	84.22	2.83	4.41	9.8
Topinambours.	19.12	10.04	1.09	78.63	79.72	4.70	5.54	7.9
Betteraves à sucre	17.75	5.52	0.56	81.54	82.10	7.54	4.84	14.8
Betteraves fourragères . .	13.36	8.90	0.75	75.03	75.78	8.07	7.25	8.5
Carottes.	15.63	8.17	1.53	72.86	74.39	10.35	7.09	9.0
Choux-raves.	11.59	9.92	0.86	73.00	73.86	9.49	6.73	7.4
Carotte géante.	13.69	6.05	1.67	74.42	76.09	10.43	7.44	12.5
Betteraves d'Oberndorf. .	8.55	7.24	1.98	74.90	76.88	6.54	9.34	10.5
Navets d'août.	8.50	9.40	1.17	68.27	69.44	11.76	9.40	7.3

NATURE DES FOURRAGES.	Taux de la substance sèche.	COMPOSITION CENTÉSIMALE de la substance sèche.						Matières azotées : matières non azotées :: 1 :
		Matières azotées.	Matières grasses.	Matières extractives non azotées.	Matières non azotées et matières grasses.	Cellulose brute.	Cendres.	
Turneps. . . . . . : . . .	8.00	13.75	1.25	62.50	63.75	12.50	10.00	4.6
Panais.	11.70	13.67	1.70	70.11	71.81	8.54	5.98	5.2
Citrouille..	7.50	17.32	1.33	54.69	56.02	13.33	13.33	3.2
Grains et graines.								
Froment.	86.84	14.55	1.78	79.33	81.11	2.40	1.94	5.5
Épeautre (avec sa glume).	85.20	11.72	1.75	62.63	64.38	19.33	4.37	5.4
Épeautre (sans glume) . .	85.50	15.79	1.87	78.14	80.01	1.75	2.45	5.0
Seigle.	85.06	15.63	2.30	76.61	78.91	3.18	2.25	5.0
Avoine	87.48	14.43	6.94	62.19	69.13	11.55	3.89	4.7
Orge	86.93	13.90	2.40	74.76	77.16	5.91	3.03	5.5
Maïs.	87.62	11.33	6.33	74.72	81.05	4.81	2.81	7.1
Riz	87.46	9.55	2.00	82.93	84.93	3.04	2.48	8.8
Millet.	86.0	16,84	3.48	68.77	72.25	7.43	3.48	4.2
Brome.	85.88	10.34	2.46	73.92	76.38	8.38	4.90	7.8
Sarrasin	87.23	11.56	2.18	68.09	70.27	15.68	2.49	6.1
Pois.	86.08	26.37	2.33	63.09	65.42	5.23	2.98	2.4
Féveroles	83.84	29.60	1.97	56.40	58.37	8.15	3.88	1.9
Fèves de jardin	85.20	30.84	2.58	58.14	60.72	4.34	4.10	1.9
Lentilles	87.32	27.48	2.79	61.33	64.12	5.24	3.16	2.3
Lupin jaune.	87.39	40.40	5.68	33.42	39.10	16.18	4.32	0.9
Lupin bleu.	86.25	24.09	5.37	52.05	57.42	14.37	3.51	2.3
Vesces.	86.18	32.45	3.48	52.16	55.64	7.81	4.10	1.7
Serradelle	91.14	24.10	8.05	41.12	49.17	23.16	3.57	2.0
Glands décortiqués. . . .	84.77	6.39	4.67	80.86	85.53	5.69	2.39	13.4
Glands non décortiqués. .	62.28	5.52	4.48	74.94	79.42	12.57	2.49	14.2
Châtaignes décortiquées .	76.04	6.36	4.73	80.92	85.65	5.56	2.43	14.4
Châtaignes non décortiquées.	61.53	5.31	4.82	71.54	75.86	16.52	2.37	6.5
Lin	87.85	25.44	37.70	25.56	63.26	6.46	4.84	2.9
Colza	89.0	21.78	44.92	17.37	62.29	11.56	4.37	2.8
Chanvre.	87.8	18.58	38.30	24.62	62.92	13.71	4.78	3.3
Pavot.	85.3	20.47	47.97	16.24	64.21	7.13	8.19	3.1
Madia.	91.6	24.96	44.69	5.61	50.30	19.62	5.12	2.0
Cameline..	91.6	25.61	32.70	21.75	54.45	12.53	7.41	2.1
Sésame	95.5	19.84	38.85	21.89	60.74	12.28	7.14	2.9
Graine de coton	91.72	24.83	32.50	12.56	45.06	22.17	7.94	1.8
Palme.	92.37	9.11	53.12	29.19	82.31	6.50	1.98	9.0
Fèves de Chine.	93.09	41.12	20.09	28.18	48.27	5.72	4.89	1.1
Déchets d'industrie.								
De la fabrication des farines.								
Fleurage de blé	86.06	17.66	3.03	75.53	78.56	1.62	2.16	4.4
Farine pour bétail	88.46	15.63	3.70	71.79	75.49	5.41	3.42	4.8

NATURE DES FOURRAGES.	Taux de la substance sèche.	Matières azotées.	Matières grasses.	Matières extractives non azotées.	Matières non azotées et matières grasses.	Cellulose brute.	Cendres.	Matières azotées : matières non azotées :: 1 :
Farine d'orge	87.48	12.31	4.04	63.46	67.50	13.29	6.89	5.4
Déchets de gruau	87.89	12.59	4.01	57.70	61.71	17.83	7.87	4.8
Farine de riz	90.06	12.08	10.97	52.88	63.85	12.30	11.77	5.2
Sons de seigle	88.39	16.61	3.89	67.87	71.76	6.48	5.15	4.3
Sons de froment	87.20	15.85	4.11	64.13	68.24	9.92	5.99	4.3
Sons de gruau	89.29	15.71	4.77	66.05	70.82	8.92	4.49	4.5
Sons d'épeautre	87.39	17.32	4.80	61.06	65.86	10.34	6.48	3.8
Sons de pois	87.02	8.20	1.19	32.88	34.07	54.69	3.04	4.1
Déchets de distillerie et de brasserie.								
Germes de malterie . . .	89.91	26.89	2.33	46.86	49.19	15.93	7.99	1.8
Drêches	22.35	20.65	6.83	46.07	52.90	21.32	5.13	2.5
Vinasses de seigle	7.84	20.91	4.33	54.88	59.21	14.91	4.97	2.8
Vinasses de pommes de terre	4.97	25.72	3.61	43.75	47.36	17.08	9.84	1.8
Vinasses de levûre	3.26	22.33		63.91	63.91	9.79	3.97	2.8
Vinasses de maïs	9.39	21.26	11.07	52.56	63.63	10.51	4.57	3.0
Vinasses de mélasse . . .	8.14	25.07	—	56.01	56.01	—	18.92	2.2
Déchets de féculerie et d'amidonnerie.								
Fibre de pommes de terre.	14.5	6.89	0.86	82.06	82.06	7.58	3.44	11.9
Pulpes de pommes de terre.	13.89	4.89		78.77	79.63	14.04	1.44	16.2
Résidus	5.21	6.91	0.57	81.40	81.97	8.05	3.07	11.8
Vinasses de blé	10.80	12.77	5.27	76.88	82.15	3.05	2.03	6.4
Vinasses de riz	51.71	18.70	4.63	74.59	79.22	1.06	1.02	4.2
Vinasses de maïs	29.16	16.72	0.56	80.84	81.40	1.15	0.73	4.8
Drêches de blé	25.98	16.74	8.47	59.56	68.03	12.85	2.38	4.0
Déchets de sucrerie.								
Mélasse de betteraves . .	81.67	10.61	—	77.30	77.30	—	12.09	7.2
Résidus de betteraves pressées . . . . : . .	28.23	6.76	1.48	61.11	62.59	19.79	10.86	9.2
Résidus de betteraves (procédé centrifuge)	18.0	5.55	0.55	67.25	67.80	19.99	6.66	12.2
Résidus de diffusion (frais).	7.14	8.28	1.12	56.05	57.17	24.02	10.53	7.1
Résidus de diffusion (pressés)	11.92	8.13	1.00	60.42	61.42	19.54	10.91	7.5
Râpure de betteraves . .	17.09	7.48	0.64	61.01	61.65	23.27	7.60	8.2
Résidus d'huileries.								
Tourteaux de lin	87.81	33.54	11.21	34.16	45.37	11.02	10.07	1.3
Farine de lin	88.0	37.17	2.57	43.85	46.42	8.27	8.13	1.2
Tourteaux de colza . . .	88.66	35.49	10.88	33.20	44.03	12.39	7.94	1.2

NATURE DES FOURRAGES.	Taux de la substance sèche.	COMPOSITION CENTÉSIMALE de la substance sèche.						Matières azotées : matières non azotées :: 1 ::
		Matières azotées.	Matières grasses.	Matières extractives non azotées.	Matières non azotées et matières grasses.	Cellulose brute.	Cendres.	
Farine de colza.	91.49	36.22	3.22	37.29	40.51	14.65	8.29	1.1
Tourteaux de navette . .	87.57	32.30	12.49	27.77	40.26	19.15	8.29	1.2
Farine de navette	92.80	39.63	2.58	29.02	31.60	19.49	9.26	0.7
Tourteaux de chènevis . .	90.09	33.12	7.19	23.62	30.81	27.41	8.66	0.9
Tourteaux de cameline. .	88.23	37.50	10.43	31.30	41.73	13.13	7.64	11.1
Tourteaux de pavots . . .	88.55	35.99	9.21	29.34	38.55	13.00	12.46	1.0
Tourteaux de sésame blanc.	87.55	41.76	13.54	24.16	37.70	9.27	11.27	0.9
Tourteaux de sésame noir.	89.49	37.07	9.20	26.00	35.20	20.49	7.24	0.9
Tourteaux de palme . . .	89.47	18.86	13.39	43.60	56.99	19.42	4.73	3.0
Farine de palme.	89.53	20.58	3.59	48.88	52.47	22.50	4.45	2.5
Tourteaux de faînes non décortiquées	83.90	21.61	9.93	33.95	43.88	28.41	6.10	2.0
Tourteaux de faînes décortiquées	87.50	42.44	8.58	33 89	42.47	6.29	8.80	1.0
Tourteaux d'arachide non décortiquée.	90.14	31.33	9.81	22.98	32.79	25.20	7.68	0.9
Tourteaux d'arachide décortiquée.	89.86	49.62	6.33	31.69	38.02	6.05	6.31	0.7
Tourteaux de graine de coton non décortiquée. . .	88.72	26.63	6.91	34.32	41.23	24.95	7.20	1.5
Tourteaux de graine de coton décortiquée.	88.77	43.69	15.47	21.86	37.33	10.42	8.56	0.8
Tourteaux de noix de coco.	90.61	24.55	18.98	32.89	51.87	17.23	6.35	2.5
Tourteaux de noix de palme	88.53	37.39	4.58	26.56	31.14	22.08	9.39	0.8
Tourteaux du cirier . . .	92.78	58.56	9.85	16.91	26.76	4.93	16.91	0.4
Tourteaux de l'élianthème.	90.00	40.60	11.66	26.66	38.32	10.27	10.81	0.9
Tourteaux de germes de maïs	89.25	15.10	12.10	56.32	68.42	9.60	6.88	4.5
Tourteaux d'olives	86.24	6.97	15.23	31.32	46.55	38.65	7.83	6.6
Tourteaux de cacao. . . .	88.81	20.07	13.70	37.04	50.74	20.60	8.59	2.5
Tourteaux d'amandes. . .	90.31	45.65	16.75	22.96	39.71	9.88	4.76	0.8
Tourteaux de fèves de Chine	87.18	52.68	6.10	28.15	34.25	6.54	6.53	0.6
Laits et déchets de laiterie.								
Lait de vache.	12.0	26.66	33.33	33.35	66.68	—	6.66	2.5
Lait de chèvre	12.0	28.33	27.49	35.85	63.34	—	8.33	2.1
Lait écrémé	9.65	35.43	7.87	49.05	56.92	—	7.65	1.6
Lait de beurre.	9.9	34.34	10.10	50.51	60.61	—	5.05	1.7
Petit-lait.	7.36	13.85	8.28	68.50	76.78	—	9.37	5.5
Crème.	38.01	7.07	83.79	7.65	91.44	—	1.49	12.9

TABLEAU VII.

Digestibilité moyenne des éléments des fourrages.

NATURE DES FOURRAGES.	Matières organiques.	Matières azotées.	Matières grasses.	Matières extractives non azotées.	Cellulose brute.
Herbe de prairie.	70.41	78.19	64.17	78.25	67.15
Sorgho vert.	—	62.40	85.40	77.80	59.50
Maïs vert	—	62.70	75.00	67.00	72.20
Trèfle rouge avant la floraison	70.94	75.03	66.08	78.63	56.51
Trèfle rouge en fleur.	63.84	69.26	61.22	71.74	49.65
Trèfle rouge à la fin de la floraison.	58.29	58.56	44.44	70.65	38.82
Foin de prairie.	64.23	58.82	49.73	65.59	61.83
Regain	63.75	59.76	46.95	65.65	64.40
Foin de trèfle rouge	59.80	59:17	59.37	69.81	46.53
Luzerne (foin de).	58.48	76.47	36.71	65.95	38.77
Luzerne en vert	62.42	79.99	45.01	71.94	38.98
Foin de lupin	—	74.35	30.40	61.60	73.45
Paille de seigle	50.60	24.17	31.93	37.78	62.30
Paille de blé.	45.00	26.00	27.00	40.00	52.00
Paille d'avoine.	52.50	42.47	48.50	46.60	58.97
Paille de féveroles.	51.00	45.00	60.00	67.00	36.00
Paille de lupin.	—	37.55	30.20	64.95	50.60
Avoine	68.68	74.68	77.81	74.06	20.15
Orge.	—	79.00	68.00	90.00	—
Maïs.	—	84.00	76.00	93.00	—
Féveroles	85.16	83.47	76.38	90.90	(44.11)
Pois.	—	85.00	67.00	95.00	—
Pommes de terre.	89.54	66.21	(52.81)	95.35	(26.90)
Betteraves fourragères.	89.92	76.77	—	97.68	(43.61)
Sons d'épeautre	75.94	77.82	88.72	82.11	(13.11)
Tourteaux de lin.	80.95	85.97	89.96	80.30	(52.60)
Tourteaux de colza.	74.00	85.70	87.75	76.50	(21.23)
Tourteaux de graine de coton	49.66	73.76	90.75	46.24	(22.67)
Tourteaux de palme.	89.30	100.00	100.00	92.40	72.2
Tourteaux de coco.	—	73.00	83.00	88.00	—

TABLEAU VIII.

Quantité des éléments réellement digestibles des fourrages à l'état naturel.

NATURE DES FOURRAGES.		Matières azotées.	Matières grasses.	Matières extractives non azotées.	Cellulose brute.
Herbe de prairie.	minimum. . . .	2.39	0.51	7.33	1.77
	moyenne. . . .	4.09	0.62	7.55	2.49
	maximum. . . .	5.51	0.72	10.34	3.40
Sorgho vert.	minimum. . . .	—	—	—	—
	moyenne. . . .	1.46	0.95	9.79	3.60
	maximum. . . .	—	—	—	—
Maïs vert.	minimum. . . .	0.75	0.18	3.85	2.37
	moyenne. . . .	1.16	0.42	4.81	3.17
	maximum. . . .	1.39	0.61	7.04	3.96
Trèfle rouge avant la floraison.	minimum. . . .	1.92	0.28	4.40	1.75
	moyenne. . . .	2.52	0.50	5.86	2.32
	maximum. . . .	3.47	0.80	7.65	3.52
Trèfle rouge en pleine floraison.	minimum. . . .	1.54	0.25	5.05	1.92
	moyenne. . . .	2.32	0.48	6.60	3.06
	maximum. . . .	3.56	1.03	9.14	3.99
Foin de prairie.	minimum. . . .	2.86	0.12	14.70	9.05
	moyenne. . . .	5.95	1.16	26.73	15.76
	maximum. . . .	10.20	3.29	40.71	24.13
Regain.	minimum. . . .	4.63	0.72	18.90	11.11
	moyenne. . . .	7.54	1.70	25.74	14.18
	maximum. . . .	12.55	2.84	22.43	20.02
Foin de trèfle rouge.	minimum. . . .	5.40	0.37	17.31	7.66
	moyenne. . . .	8.02	1.30	23.64	11.44
	maximum. . . .	12.21	2.54	30.03	14.67
Foin de luzerne.	minimum. . . .	7.86	0.56	16.29	7.59
	moyenne. . . .	11.28	1.11	22.85	9.33
	maximum. . . .	13.13	1.94	25.75	24.80
Foin de lupin.	minimum. . . .	8.61	0.18	16.33	15.36
	moyenne. . . .	9.95	0.54	18.23	22.70
	maximum. . . .	10.87	1.31	20.10	27.29
Paille de seigle.	minimum. . . .	0.40	0.22	6.66	19 45
	moyenne. . . .	0.87	0.47	12.6	27.78
	maximum. . . .	1.24	0.74	19.41	39.29
Paille de blé.	minimum. . . .	0.37	0.18	13.64	16.80
	moyenne. . . .	0.78	0.29	16.36	19.50
	maximum. . . .	1.32	0.52	17.75	20.60
Paille d'avoine.	minimum. . . .	0.78	0.46	14.23	17.05
	moyenne. . . .	1.92	0.79	17.19	22.42
	maximum. . . .	3.00	1.37	22.56	30.68
Paille de féveroles.	minimum. . . .	4.24	0.41	20.94	9.29
	moyenne. . . .	8.40	0.78	21.31	11.04
	maximum. . . .	7.37	1.33	21.77	12.44

NATURE DES FOURRAGES.		Matières azotées.	Matières grasses.	Matières extractives non azotées.	Cellulose brute.
Paille de lupin	minimum. . . .	1.73	0.26	21.41	20.52
	moyenne. . . .	2.03	0.39	21.90	21.10
	maximum. . . .	2.37	0.52	22.36	21.73
Avoine	minimum. . . .	5.80	3.01	49.11	—
	moyenne	9.45	4.74	40.23	—
	maximum. . . .	15.04	6.00	49.11	—
Orge.	minimum. . . .	6.91	0.88	55.12	—
	moyenne. . . .	9.55	1.42	58.47	—
	maximum. . . .	12.42	1.93	62.84	—
Maïs.	minimum. . . .	4.88	3.12	54.89	—
	moyenne. . . .	8.35	4.22	60.84	—
	maximum. . . .	12.70	6.99	65.63	—
Féveroles	minimum. . . .	16.32	0.55	39.12	—
	moyenne	20.76	1.27	42.90	—
	maximum. . . .	28.15	2.46	54.55	—
Pois.	minimum. . . .	17.26	0.43	45.60	—
	moyenne. . . .	19.31	1.35	51.55	—
	maximum. . . .	22.16	2.05	54.58	—
Pommes de terre.	minimum. . . .	0.25	—	9.26	—
	moyenne. . . .	1.43	—	20.24	—
	maximum. . . .	2.24	—	26.52	—
Betteraves fourragères. . .	minimum. . . .	0.58	—	7.19	—
	moyenne . . . :	0.91	—	9.78	—
	maximum. . . .	1.59	—	13.83	—
Sons d'épeautre	minimum. . . .	9.96	2.70	42.51	—
	moyenne	11.75	3.72	43.85	—
	maximum. . . .	13.72	4.74	45.19	—
Tourteaux de lin.	minimum. . . .	15.70	3.26	14.70	—
	moyenne . . .	25.37	8.91	24.09	—
	maximum. . . .	32.54	15.30	44.87	—
Tourteaux de colza.	minimum. . . .	19.43	5.89	15.00	—
	moyenne	27.08	8.51	22.49	—
	maximum. . . .	34.55	11.79	35.32	—
Tourteaux de graine de coton.	minimum. . . .	16.23	5.00	10.56	—
	moyenne. . . .	17.41	5.53	14.04	—
	maximum. . . .	19.18	6.20	16.74	—
Tourteaux de palme	minimum. . . .	13.00	7.50	25.22	—
	moyenne. . . .	16.89	11.99	36.03	—
	maximum. . . .	24.70	19.80	46.56	—
Tourteaux de coco.	minimum. . . .	13.08	6.15	26.60	—
	moyenne. . . .	14.77	12.98	31.03	—
	maximum. . . .	16.33	19.25	40.94	—

INDEX